2008北京奥运建筑丛书

五环绿苑

OLYMPIC GREEN

奥林匹克公园

总主编 中 国 建 筑 学 会
中国建筑工业出版社

本卷主编 北京清华城市规划设计研究院

中国建筑工业出版社
CHINA ARCHITECTURE & BUILDING PRESS

2008北京奥运建筑丛书（共10卷）

梦 寻 千 回——北京奥运总体规划

宏 构 如 花——奥运建筑总览

五 环 绿 苑——奥林匹克公园

织梦筑鸟巢——国家体育场

漪 水 盈 方——国家游泳中心

曲 扇 临 风——国家体育馆

华 章 凝 彩——新建奥运场馆

故 韵 新 声——改扩建奥运场馆

诗 意 漫 城——景观规划设计

再 塑 北 京——市政与交通工程

2008北京奥运建筑丛书

总主编单位

中国建筑学会
中国建筑工业出版社

顾　问

黄　卫（北京市副市长、院士，原住房和城乡建设部副部长）

总编辑工作委员会

主　任　宋春华（中国建筑学会理事长、国际建筑师协会理事）
副主任　周　畅　王珮云　黄　艳　马国馨　何镜堂
执行副主任　张惠珍

委　员（按姓氏笔画为序）
丁　建　马国馨　王珮云　庄惟敏　朱小地　何镜堂　吴之昕
吴宜夏　宋春华　张　宇　张　韵　张　桦　张惠珍　李仕洲
李兴钢　李爱庆　沈小克　沈元勤　周　畅　孟建民　金　磊
侯建群　胡　洁　赵　晨　赵小钧　崔　恺　黄　艳
总主编　周　畅　王珮云

丛书编辑（按姓氏笔画为序）

马　彦　王伯扬　王莉慧　田启铭　白玉美　孙　炼　米祥友
许顺法　何　楠　张幼平　张礼庆　张国友　杜　洁　武晓涛
范　雪　徐　冉　戚琳琳　黄居正　董苏华
整体设计　冯彝诤

《五环绿苑——奥林匹克公园》

本卷编委会

总　　序

奥运会，作为人类传统的体育盛会，以五环辉耀的奥林匹克精神，牵动着五大洲不同肤色亿万观众的心。奥林匹克运动不仅是世界体育健儿展示力与美的舞台，是传承人类共荣和谐梦想的载体，也为世界建筑界搭建了一个展现多元的建筑文化、最新的建筑设计理念、建筑技术与材料、建筑施工与管理水平的竞技场。2008年北京奥运会，作为奥林匹克精神与古老的中华文明在东方的第一次相会，更为中国建筑师及世界各国建筑师们提供了展示建筑创作才华与智慧的机会：国内外的建筑师的合力参与，现代建筑形式与中国传统文化的结合，都赋予了北京奥运建筑迥异于历届奥运建筑的独特性，并将成为一笔丰赡的奥林匹克文化遗产和人类共享的世界建筑遗产。

随着2008年的到来，北京奥运会的筹备工作已进入决胜之年。而奥运会筹备工作的重头戏——奥运场馆建设，在陆续完成主要建设工程后，正在紧锣密鼓地进行后续工作，并抓紧承办测试赛的机会，对场馆设施和服务进行了最后阶段的至关重要的检测。奥运场馆的相继亮相，以及奥林匹克公园、国家会议中心、数字北京大厦、奥运村等奥运会的相关设施的落成，都为北京现代新建筑景观增添了吸引世人聚焦的亮点。而由著名建筑大师及建筑设计事务所参与设计的奥运场馆，诸如国家体育场（"鸟巢"）、国家游泳中心（"水立方"）等，更成为北京新的地标性建筑。

2008年北京奥运会新建场馆15处，改扩建场馆14处，临建场馆7处，相关设施5处。其中国家体育场、国家游泳中心、国家体育馆、北京射击馆、国家会议中心、奥林匹克公园、奥运村、媒体村、数字北京大厦等新建场馆以及相关设施，或者由世界上知名的设计师及事务所设计，或者拥有世界体育建筑中最先进的技术设备。无论从设计理念上，还是从技术层面上，这些建筑都承载了北京现代建筑的最新的信息，体现了北京奥运会"绿色奥运、科技奥运、人文奥运"的宗旨，成为2008年国际建筑界关注的热点。向世界展示北京奥运建筑、宣传奥运建筑也成为中国建筑界义不容辞的一项责任。

为共襄盛举，中国建筑学会与中国建筑工业出版社共同策划出版了这套"2008北京奥运建筑丛书"，以十卷精美的出版物向世界全面展现北京奥运建筑的风采。用出版物的形式记录北京奥运建筑的设计理念、先进技术、优美形象，是宣传和展示2008年北京奥运会的重要方式，这既为世界建筑界奉献了一套建筑艺术图书精品，也为后人留下了一份珍贵的奥林匹克文化遗产。

本套丛书共包括《梦寻千回——北京奥运总体规划》、《宏构如花——奥运建筑总览》、《五环绿苑——奥林匹克公园》、《织梦筑鸟巢——国家体育场》、《漪水盈方——国家游泳中心》、《曲扇临风——国家体育馆》、《华章凝彩——新建奥运场馆》、《故韵新声——改扩建奥运场馆》、《诗意漫城——景观规划设计》以及《再塑北京——市政与交通工程》十卷，从奥运总体规划到单体场馆介绍，全面展示了北京奥运建筑的方方面面。整套丛书从策划到编撰完成，历时两年。作为一项艰巨复杂的系统工程，丛书的编撰难度很大，参与编写的单位和人员众多，资料数据繁杂。在中国建筑学会和中国建筑工业出版社的总牵头下，丛书的编撰得到了住房和城乡建设部、北京奥组委、北京2008办公室及首都规划建设委员会的大力支持，更有中国建筑设计研究院、国家体育场有限责任公司、北京市建筑设计研究院、中建国际设计顾问有限公司、北京国家游泳中心有限责任公司、清华大学建筑设计研究院、北京清华城市规划设计研究院风景园林规划设计研究所、北京市政工程总院等分卷主编单位的热情参与，各奥运建筑的设计单位也对丛书的编撰给予了很大的帮助。作为中国建筑界国家级学术团体和最强的图书出版机构，中国建筑学会与中国建筑工业出版社强强联合，再借国内外建筑界积极参与的合力，保证了丛书的学术性、技术性、系统性和权威性。

本套丛书凝聚了国内外建筑界的苦心之思，也是中国建筑界奉献给2008年北京奥运会、奉献给世界建筑界的一份礼物。希望通过本套丛书的编撰，打造一套具有国际水平的图书精品，全面向世界展示北京奥运建筑风貌，同时也可以促进我国建筑设计、工程施工、工程管理以及整个城市建设水平的提升，促进我国建设领域与国际更快更好地接轨。

宋春华
建设部原副部长
中国建筑学会理事长
2008年2月3日

本 卷 序

奥林匹克公园——
奥林匹克精神与中国传统园林艺术的汇合

对奥林匹克公园的评价，决定奥林匹克精神是否贯彻与中国的传统园林艺术精华是否得到了弘扬。

自从在中国北京奥林匹克公园举办的第 29 届奥林匹克运动会开幕之日开始（2008 年 8 月 8 日）至第 13 届残疾人奥林匹克运动会闭幕之日（2008 年 9 月 17 日）止，全世界对于 2008 年在北京举办的奥运会和残奥会在贯彻奥林匹克精神方面的反响，从世界各国的运动员到各国政府（除少数例外）和广大群众，是一片赞扬之声，所以奥林匹克公园在贯彻奥林匹克精神方面，早已取得了全世界大多数国家和人民的一片赞扬之声，这已经是过去的成为事实的历史了。

现在我们在这里要进一步探讨的是奥林匹克公园在生态效应、美学效应、社会效应、经济效应上，以及科学技术上是否取得了很高的成就，特别是中国传统园林艺术的精华，是否得到了弘扬。

中国自然山水派园林艺术，在全世界享有很高的声望。

中国传统园林艺术遗产中，共有六大类型的园林：1. 帝王神仙宫苑；2. 帝王陵园；3. 寺庙园林；4. 名胜园林；5. 邸宅园林；6. 文人园林。其中只有第六类园林，是彻底无神论的，彻底反封建的。在无神论和反封建的意识形态上，我们在奥林匹克公园里也没有发现封建意识，没有发现任何图腾崇拜、神权崇拜、自然崇拜、祖先崇拜、活佛崇拜和现代个人崇拜的残余，这也是很大的成就。

奥林匹克公园的建园思想是渊源于中国文人自然山水派的园林艺术的，其中有许多精华。

例如：

中国园林是以大自然为原型而创作的艺术作品。

计成（明）在《园冶》中说："虽由人作，宛自天开"。

曹雪芹（清）在《红楼梦·大观园》中说："有自然之理得自然之趣，……古人云天然图画"。

张潮（清）在《幽梦影》中说："山之光、水之声、月之色、花之香，真足以摄召魂魄，颠倒情思也！"

以上这些中国文人园林艺术创作造景布局的最高境界，也是奥林匹克森林公园传承中国传统园林艺术精华所追求的正确道路，其中成功的景区不胜枚举，例如假山叠石艺术，如“天境”、“林泉高致”、“夕拾台”等景区，其假山叠石的艺术与技术，已经达到了很高的水平。又如营造高度为48m的土山，并不是营造一个以高度取胜的笔架山，而是营造了一座“山重水复疑无路，水落花开又一景”的丘壑，等等。

中国文人园林，是以大自然为原型的艺术作品。既然是一个艺术作品，它就必须是一个贮存“爱的信息”的“载体”。在一个园林作品中，既能找到生境（自然美、生活美）和画境（造景美），也能找到贮存“爱的信息”的“意境”。

另外还有许多成就，如奥林匹克森林公园的种植规划，是以复层混交林和大乔木造景为主的，这种植物造景规划，无论是对整个北京的城市生态环境，还是对奥林匹克公园内部的生态环境，都是能发挥极大的良性生态效应。

又如鄙人在设计大型公园或大型植物园时，园中的水体或水景，总是模拟污水处理流程的方式，水景和水体的喷泉瀑布，相当于污水处理的曝气，整个水系是流动的，某些大水体中央部分深度超过3m，可以使水体产生垂直交换，最后通过长满芦苇、香蒲、千屈草、水葱等水生植物水池，作为污水处理的最后步骤，奥林匹克森林公园也是如此规划的。

奥林匹克公园在功能上，有许多创新，是中国历史上从来没有做过的创举。

例如在奥林匹克公园内，建设了无障碍道路交通系统。

又如在奥林匹克森林公园面积达到67.7hm^{2}水景和水体中，铺设膨润土防水毯，可以种植，也不漏水。

奥林匹克森林公园水系统的综合循环利用、人工湿地处理系统、太阳能的利用等，都是前所未有的。

又如，明清以来北京城从天安门到地安门的中轴线上，在城市主轴的北部终点，出现了与以往历史上的严谨中轴对称的造景布局法式完全不同的自然山水式园林，这也是一个创举。

鄙人对建设这座奥林匹克公园的领导人、组织者、设计师、劳动者……智慧的集体，致以最崇高的敬礼！

除此以外，奥林匹克公园将永远张开双臂，向全世界各国人们高呼“中华人民共和国、北京永远欢迎您！”

孙筱祥

前　言

奥林匹克公园是2008年北京奥运会的核心区域，由奥林匹克中心区和奥林匹克森林公园组成。2008年北京奥运会的标志性建筑"鸟巢"和"水立方"均坐落于奥林匹克中心区的范围之内；而奥林匹克森林公园则更是奥运会官员及运动员们休闲娱乐的后花园。因此，奥林匹克公园的景观规划设计作为北京奥运工程景观规划设计的核心与焦点，备受世界关注。

奥林匹克公园的景观规划设计是中国当代景观设计所面临的最大挑战和机遇。北京城市中轴线上，不同的历史时期的建筑与景观记录了中华民族在历史不同阶段中的丰功伟绩。奥林匹克公园延伸了北京城市的中轴线，无疑是中华民族崭新足迹的纪念碑。设计师们融汇中西方景观要素和设计语言，用贯穿奥林匹克公园的"龙形水系"为代表的现代文明，阐释着"自强不息、厚德载物"这一中华民族的伟大精神。"通向自然的轴线"作为奥林匹克公园的整体设计主题，更是蕴涵着中华民族传统文化中"回归自然"、"和谐统一"的深刻寓意。北京奥组委在申办第29届奥运会时就提出了"绿色奥运、科技奥运、人文奥运"三大理念，并向全世界作出了郑重承诺。奥林匹克公园的景观规划设计，运用各种传统文化元素向世界展示着中国文化的魅力，通过龙的形象向世界传递着中华龙的信息，各项科学技术与措施多重应用，在营造山水美景的同时，通过节能减排实现着可持续发展的战略目标。

2002年3月，由北京市规划委员会组织，面向国内外公开征集奥林匹克公园的规划设计方案，美国SASAKI景观设计公司与天津华汇公司合作提出的极具中国特色的设计理念脱颖而出，荣获一等奖。2003年，北京清华城市规划设计研究院和美国SASAKI景观设计公司联合竞标的A02号方案被选为奥林匹克森林公园与中心区景观规划设计方案征集的中标方案，由于区域面积大、工作任务重、时间紧迫等因素，奥林匹克森林公园和中心区分开由两个设计单位进行景观规划设计：北京清华城市规划设计研究院负责奥林匹克森林公园修建性详细规划和景观方案设计工作，国内知名的景观设计公司——北京创新景观园林设计有限责任公司、北京中国风景园林规划设计研究中心、北京市园林古建设计研究院和北京北林地景园林规划设计院有限责任公司共同负责奥林匹克森林公园的扩初深化设计和施工图设计工作。奥林匹克中心区由北京市建筑设计研究院负责景观规划设计，北京中国风景园林规划设计研究中心也参与了中心区的扩初深化设计和施工图设计工作。整个奥林匹克公园是国内多家知名设计单位和众多行业顶尖设计师共同智慧的结晶和共同努力奋斗的成果。

北京清华城市规划设计研究院有幸承担了"2008北京奥运建筑丛书"中《五环绿苑——奥林匹克公园》和《诗意漫城——景观规划设计》两卷的编撰任务，与规划设计界的同仁一起分享北京奥运景观规划设计的累累硕果。

北京清华城市规划设计研究院（原称清华大学城市规划设计研究院）成立于1993年，

拥有原建设部授予的城市规划设计甲级资质，2003 年取得国家旅游局授予的国家旅游规划设计甲级资质，2007 年取得国家文物局授予的文物保护工程勘察设计资质证书。

自 2003 年始，北京清华城市规划设计研究院就参与到奥林匹克公园规划设计方案征集活动中，并成立专门的风景园林规划设计研究所，承担奥林匹克森林公园修建性详细规划和景观规划设计任务。

北京清华城市规划设计研究院植根于清华大学的学习研究环境之中，依托于清华大学跨学科联合的人才优势，利用清华大学坚实的学术、科研平台，形成了城乡总体规划设计、详细规划与城市设计、风景园林规划设计、风景旅游规划、城市交通规划、物流规划、城市照明规划、环境与市政规划、能源规划、城市声环境设计、历史文化遗产保护规划等二十多个专业规划设计所。

风景园林规划设计研究所，在承担奥林匹克森林公园规划设计工作过程中，除充分利用已有学术和人才资源外，还打造了一支集国内外专家学者为一体的设计团队和顾问团队。风景园林规划设计研究所采用开敞式合作方式，邀请园林、植物、生态、水利、建筑、桥梁、市政、照明等专业的百余名专家学者以及几十个不同领域的合作单位共同架构强有力的专业设计团队和庞大的、全方位的专家队伍，采用国际化的专业设计流程，完成全方位的设计成果，并进行全过程的项目跟踪服务，全力保证奥林匹克森林公园宏伟蓝图的完美实现。这支年轻的队伍，发扬了敢于创新、勇于创造、知难而进、锲而不舍的精神，将中国传统文化与国内外先进经验和现代景观技术相结合，经过五年的奋斗拼搏，圆满完成了奥林匹克森林公园景观规划设计任务。

本卷书作为中国建筑学会与中国建筑工业出版社共同组织出版的“2008 北京奥运建筑丛书”的组成部分，通过详尽的文字描述、图示解说和现场照片举例，全方位地介绍了北京奥林匹克公园景观规划设计方案，使中外读者有机会全面了解景观规划设计工作在奥运工程中的地位与意义、发展与提高。

本卷在编撰过程中，得到了参与奥林匹克公园景观规划设计的各单位的大力支持。他们为本卷书的编撰工作提供了大量的参考文献、数据、图纸、照片等资料，才使奥林匹克公园的景观全貌得以在读者面前展现。丛书的主编单位中国建筑学会和中国建筑工业出版社也为本卷的编写付出了巨大的心血，相信本卷书的出版将使世界更好地了解北京奥林匹克公园的宏伟景观。

尹　稚
北京清华城市规划设计研究院院长
清华大学建筑学院副院长
中国城市规划学会副理事长
中国城市科学研究会理事

目　　录

第一章

综 述

General Introduction

北京奥林匹克公园是2008年北京奥运会的核心区域，由奥林匹克中心区和奥林匹克森林公园组成。国家体育场、国家游泳中心、国家体育馆等重要场馆均坐落于奥林匹克中心区，而奥林匹克森林公园则是2008年北京奥运会的传统山水花园。北京奥林匹克公园中心区集中了14个场馆，将举行15个项目的比赛。奥运村、记者村、主新闻中心、国际广播电视中心、中国体育博物馆、中国国际展览中心、国家奥林匹克体育中心也位于公园内。所有场馆在设计和建造上都充分考虑了赛后利用，为北京市民留下宝贵的奥林匹克遗产。

北京奥林匹克公园选址最大的特点是，北京传统城市中轴线将贯穿整个奥林匹克公园。

北京城被称为人类历史上城市规划与建设的杰作，北京城的中轴线则是北京城的灵魂。永定门、天安门、紫禁城、景山、钟鼓楼，贯穿北京中轴线，气势磅礴，形成了城市建设史上最伟大的轴线。著名的"三山五园"，即香山、玉泉山、万寿山和静宜园、静明园、清漪园、畅春园和圆明园，分布于北京城中轴线的北端周围，形成皇家园林区。在这条伟大的城市中轴线上建设奥林匹克公园，作为举办奥林匹克盛会的核心区域，无疑是中国历史与奥林匹克历史上的大事件。

2002年3～7月，在北京市政府和第29届奥运会组委会的授权下，由北京市规划委员会组织，面向国内外公开征集奥林匹克公园的规划设计方案，这一次大型的规划设计方案征集活动，受到了世界各国规划设计团体的热切关注，共有21个国家和地区的100多家设计单位提交了50多个方案，最后，由美国SASAKI景观设计公司与天津华汇公司合作提交的奥林匹克公园总体规划方案荣获一等奖。

奥林匹克公园区位图

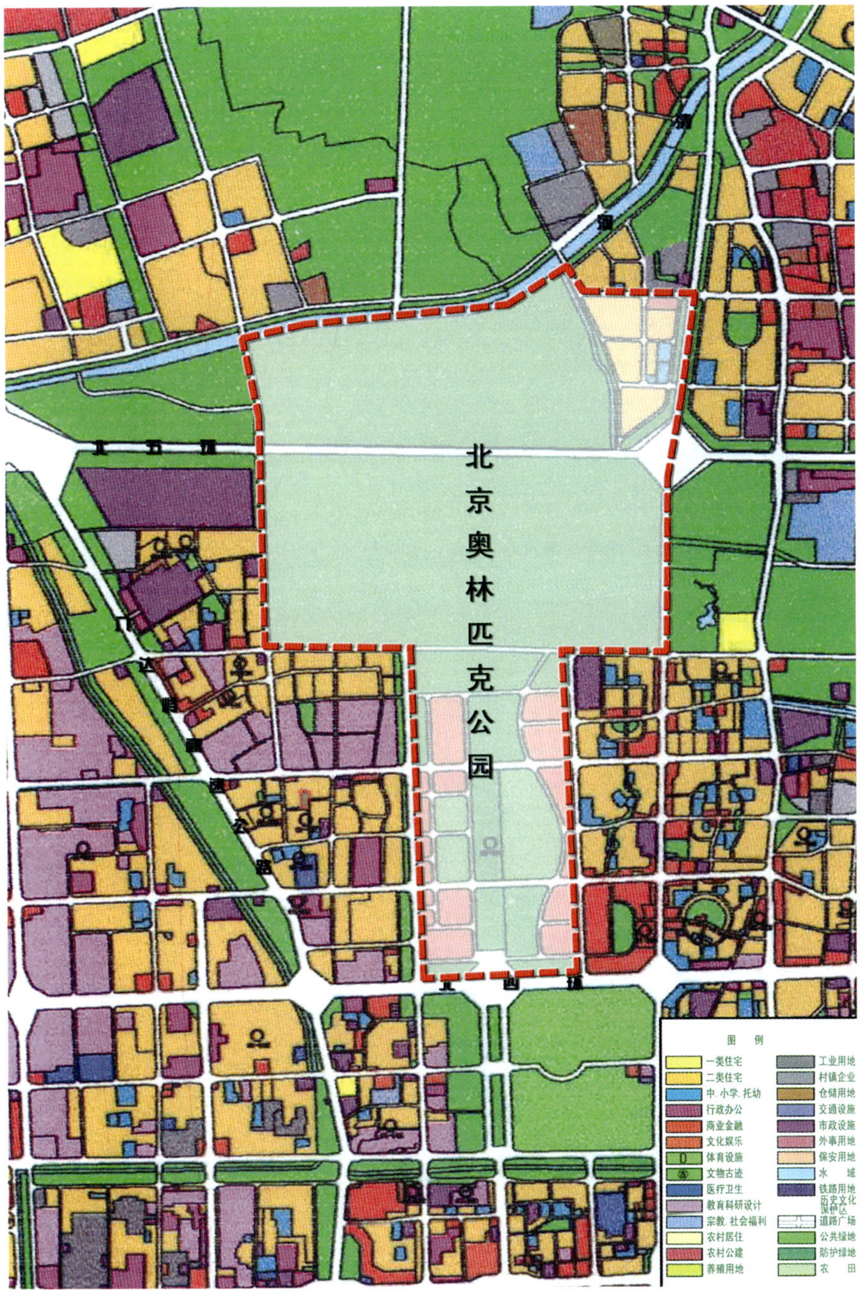

奥林匹克公园场地周边关系图

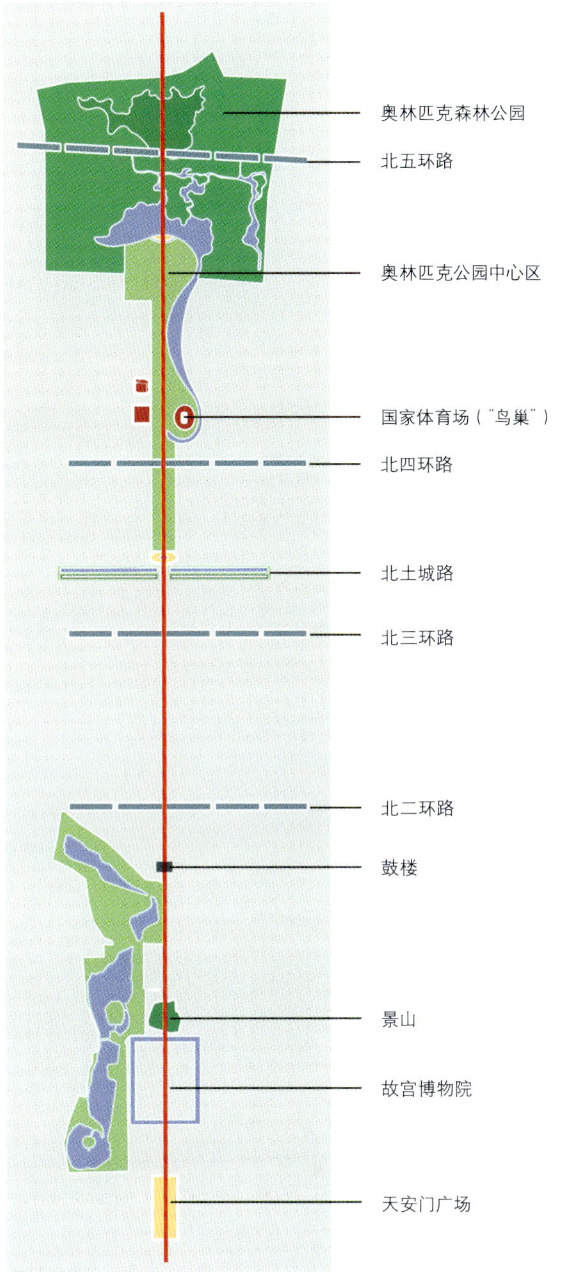

中轴线分析图

该规划方案寻求和谐性与综合性的并存，追求诗的意境又兼顾实用性，追求东方文化与西方文化、古典与现实、发展与自然、周边环境与奥林匹克公园之间的和谐。

在此方案中，设计师们曾提出了几个具有代表性的设计理念，其一为中华文明五千年纪念大道：北京城上百年的发展都是围绕南北中轴线展开的，位于轴线上的奥林匹克公园长达5000m的距离，体现了中国五千年的成就与贡献，故将奥林匹克公园定位为中华文明五千年大道，共设计6个纪念广场，间距各为1000m，代表1个千年，6个广场分别代表三皇五帝、夏朝、周朝、汉朝、宋朝、中华人民共和国，其中三皇五帝和夏朝2个纪念广场位于奥林匹克森林公园内。最后，轴线以简洁的形式消失于奥林匹克森林公园的自然山水之中，代表中国古代文明发源于自然。

而奥林匹克森林公园则被定位为传统的自然式中国山水园林，是一个体现中国几千年传统文化的理想殿堂。美丽的公园里，山林环绕，南园以水为主，大面积的"龙湖"成为整个龙形水系的龙头，水流注入龙湖，隐喻中国的东海，在海中央是传说中的蓬莱仙岛。北园以山为主，主峰高约五六十米，估计土方量大概为七八万立方，取名中国的昆仑山脉，因为黄河、长江从那里发源，站在山顶向南眺望，可以看到奥林匹克绿色场馆的中心部分。公园中松树林、落叶乔木林和开阔的草地交相混杂，龙湖湖畔的桃花林逶迤向东，仿佛是东晋陶渊明笔下的世外桃源，是大家想像中的天堂。同时，奥林匹克森林公园内南北园相接的位置有3座绿色廊道，最宽的一座宽200m，位于中轴线上，左右各1座，宽约20～30m。

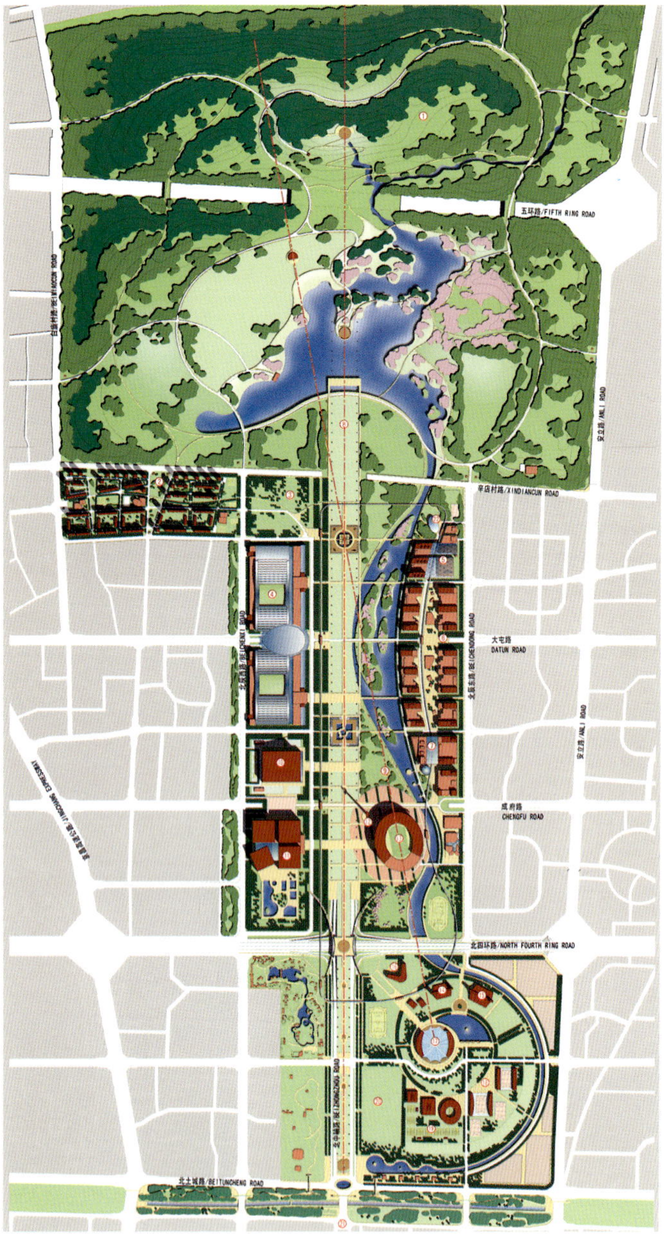

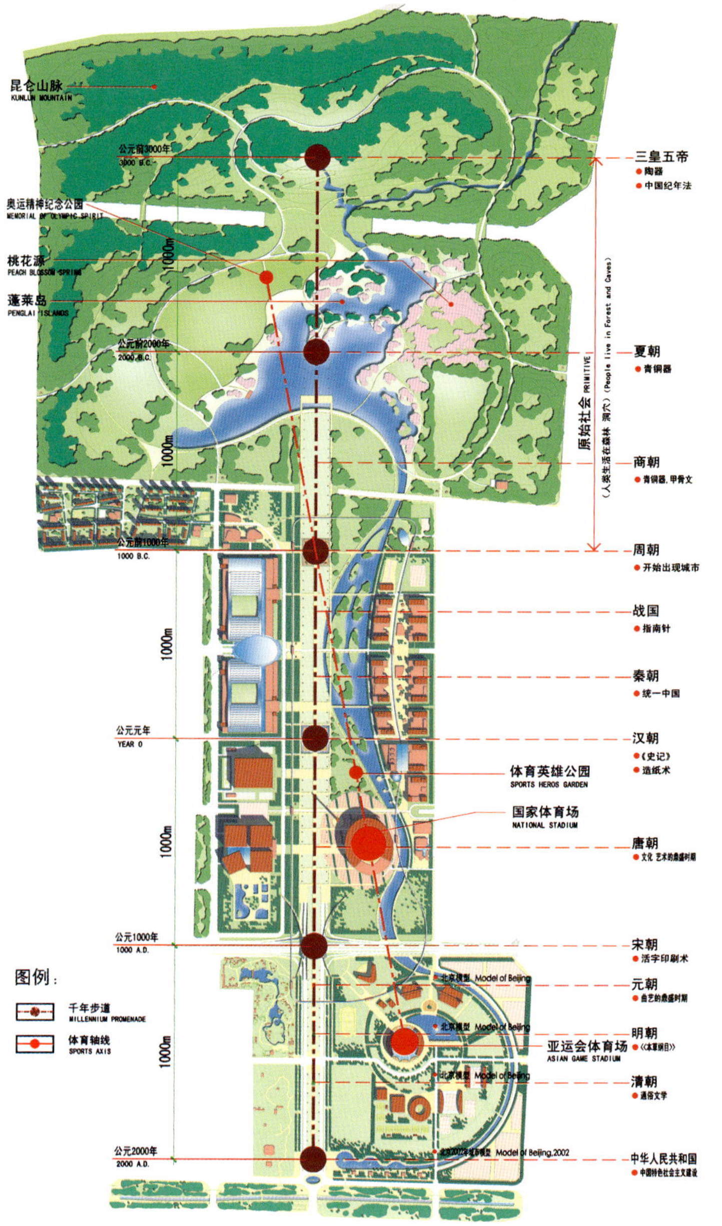

2002年荣获一等奖方案的奥林匹克公园总平面图

中华文明五千年纪念大道分析图（2002年）

奥林匹克公园效果图（2002年）

奥林匹克公园夜景效果图（2002年）

奥林匹克公园模型照片（2002年）

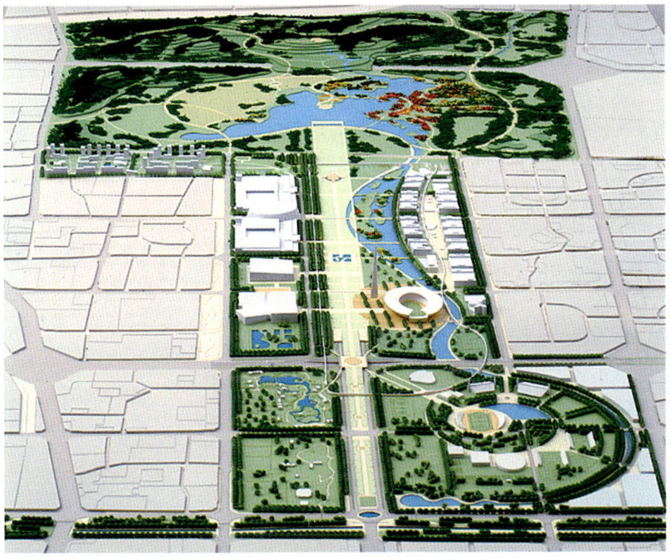

规划理念分层叠加示意图（2002年）

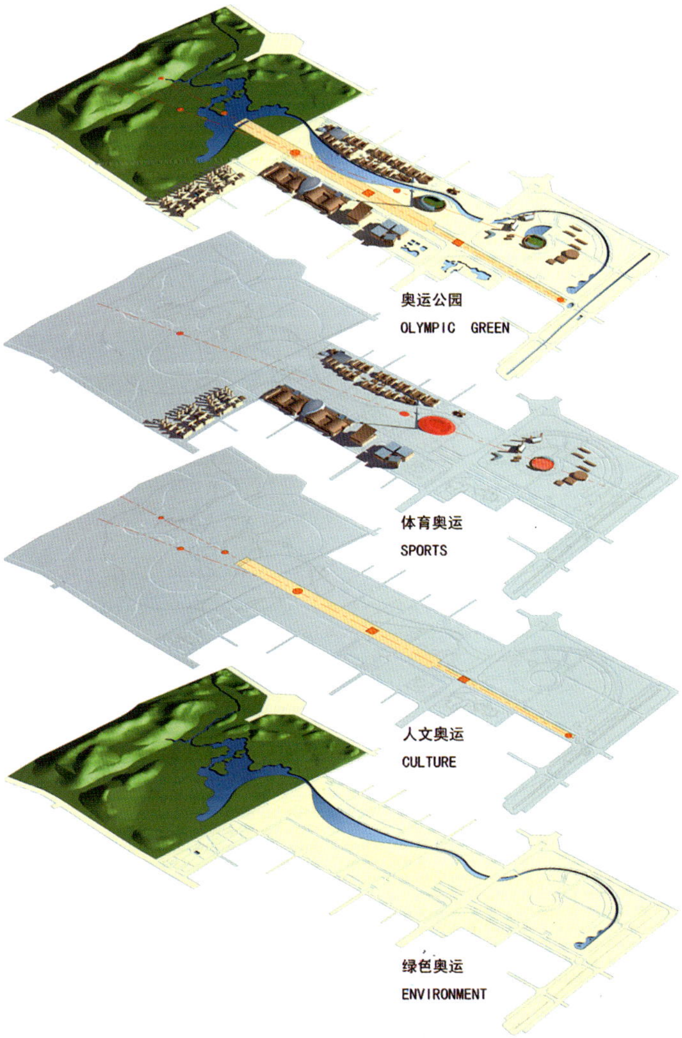

OLYMPIC

但是，这一规划方案绝不是最终方案，竞争仍然继续。2003年11月，奥林匹克公园森林公园与中心区景观规划设计方案征集活动评选出A01、A02、A04三个方案为优秀方案，12月，北京市规划委员会确定由美国SASAKI景观设计公司和北京清华城市规划设计研究院联合创意的A02号方案为中标方案。

A02方案基本保持了之前总体规划设计方案，延续了中华文明五千年纪念大道理念，并在此基础上进行了丰富和深化，最终将景观规划设计方案命名为"通向自然的轴线"，确立了奥林匹克公园景观规划的主题。

按照这一方案，奥林匹克公园中心区内坐落着举世闻名的"鸟巢"与"水立方"，这两座建筑阴阳相济，东西相映，是中国传统文化精髓与现代建筑元素的完美结合。由此向北，逐渐步入奥林匹克森林公园的自然美景。宏伟的建筑与景观，沿着北京城市传统中轴线自南向北延伸，消失在气势磅礴的山林之中。

该方案中，奥林匹克森林公园仍然延续北园以山为主、以水为辅，南园以水为主、以山为辅的格局，并以大型跨越式草板将南北园联系起来，使中轴线渐隐在自然山水中。由于主山距离主入口及湖面太远，无法起到在视线上强烈的统摄作用，因此在南园湖北侧规划了一系列配山与岛屿。在该方案中，设计主山高度为41.5m，同时将南园水系面积进行了扩张，湖面达到450m的进深和近1000m的面阔，总面积达约63hm^2。

奥林匹克森林公园入口标志为一凌越于方形基座之上的半圆拱，其灵感源于传统的中式月亮门。99m高的金属半圆形门将城市中轴线与奥林匹克森林公园中轴线连接起来。龙形湖面中"奥林匹克森林公园之门"的倒影与其本身形成了一个完整的圆环，是沿城市中轴线景线与沿奥林匹克森林公园水系横向轴线景线的交叉点，表达了"天圆地方"的古老而又现代的人文设计理念。

在这一方案中，还设计了一处引人入胜的亮点——奥林匹克森林公园湖畔露天广场，这是举行大型集会的理想场所，与城市中轴线南端的历史皇家建筑群形成平衡关系。跌落的石阶形成露天剧场看台，整个广场可容纳2万人举办活动，水上舞台将成为演出活动的视觉焦点。

设计师们还设计了8个主要景区：

蓬瀛胜境——南园湖北侧的系列配山与岛屿。芦汀花溆——通过模拟地表径流对高程变化较缓的地面冲刷后的地貌进行湿地设计。湿地景区内同时设计有湿地保护区、观鸟塔、探险园、湿地科普园等。沧浪间想——该景区基址为一个公园，拥有较好的现状植被和水体，结合设计适当的休闲游憩和文化娱乐设施，如垂钓区、野营区、野餐烧烤区、森林浴场、儿童游戏岛、森林艺术区等，并设有各类服务设施。泓天一水——公园中轴线上的入口区。鉴天山林——北园的山林景观，同时设置大型的醒目建筑，如天境、扶疏坪、风车等。林泉高致——位于北园主山体东南部，围绕小溪结合小桥、亭台设计的一系列自然景观，林荫小径在溪流上穿行形成空间趣味点。时鸣夹镜——位于公园西北部，是一处鹿苑设计，包含完全人工开发的生态饲养中心、半人工状态的鹿苑游览场地、完全自然状态的鹿苑场所三个区域。长虹引练——利用清河导流渠和仰山大沟纵贯公园形成的绵延3km的景观河渠设计的具有特色的生态湿地廊道。这些景区构成了奥林匹克森林公园的景观设计的景区框架。

2003年A02号方案的奥林匹克公园效果图

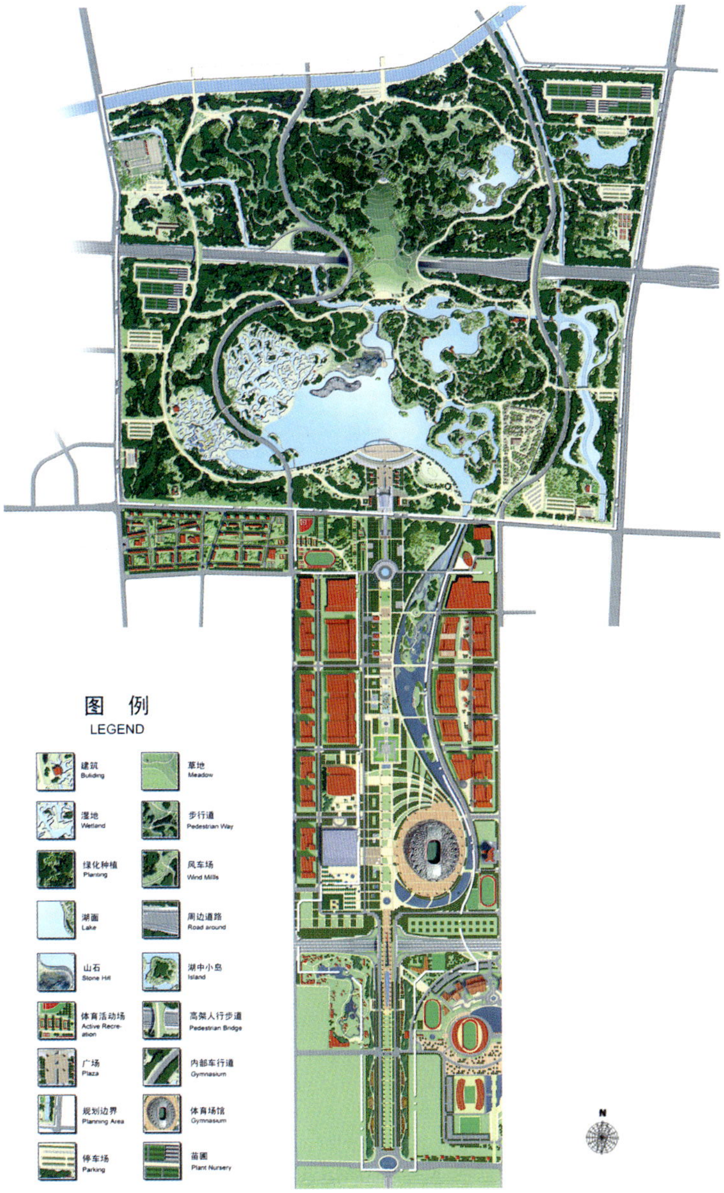

2003年A02号方案的奥林匹克公园总平面图

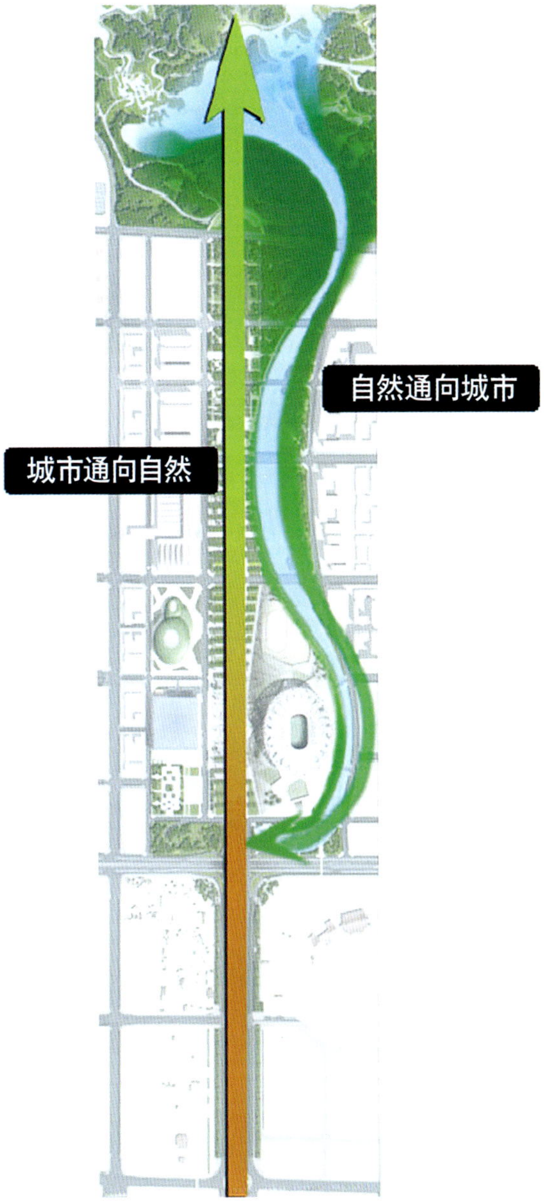

"通往自然的轴线"示意图

2003年A02号方案的奥林匹克公园效果图

OLYMPIC

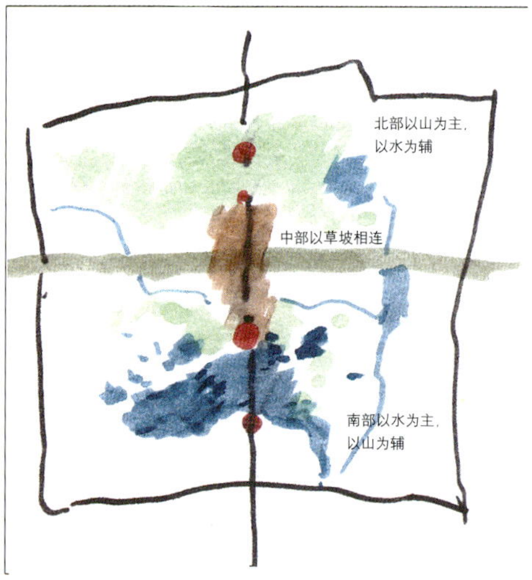

1	3	1 2003年A02号方案山水设计手绘草图	4 林泉高致水彩效果图
2		2 2003年A02号方案竖向分析图	5 森林公园大草坪水彩效果图
4	5 6	3 2003年A02号方案的功能分区图	6 鉴天山林景区平面图

这应该说是一份近乎完美的规划方案。然而，来自于各方面的专家和社会各界人士依然审慎地论证着上述方案。直到2005年10月27日，北京市委常委才原则上批准奥林匹克森林公园景观规划的最终方案。

最终方案是由北京清华城市规划设计研究院以A02号方案为基础，对奥林匹克森林公园景观规划方案进行深化整合，在研究探讨了方案征集时的7个投标单位参赛方案的优劣势之后，在力争维持原总体规划方案的基础上对公园景观规划方案进行详细调整的结果。其中较大性调整包括：

1. 经过多方面专家研讨，取消了中华文明五千年纪念大道理念，同时将奥林匹克森林公园和中心区作为两个独立的部分分别由北京清华城市规划设计研究院和北京市建筑设计研究院进行景观规划设计。

2. 通过对7个参赛方案的山水设计进行综合分析与评价，以及通过山体土方效果对比等系列分析与论证，最终将主山由五环路以北的北园移到五环路以南，主山高度确定为48m，次峰高28m，土方量减小为487万m^3，以满足土方配给的限制条件。奥林匹克森林公园的山形水系方案最终确定为“负阴抱阳，山环水绕”的形式，山随水转，山随水止，自然融合。主山取名为“仰山”，不仅使得“仰山”这一当地传统地名得以保留，更与“景山”名称呼应，暗合了《诗经》中“高山仰止，景行行止”的诗句，并联合构成“景仰”一词，符合中国传统文化对称、平衡、和谐的意蕴。明清的皇城以景山为屏障，而21世纪新北京的轴线则以奥林匹克森林公园仰山为新的屏障。

3. 由于主山南移，故将主湖水面压缩为20.3hm²，南园湿地面积压缩为4.15hm²。将主湖取名“奥海”，北京传统地名中的湖泊多以“海”为名，如“北海”、“什刹海”，借“奥林匹克”之“奥”字，有奥秘、奥妙之意，命名为“奥海”，有“奥运之海”之妙。

奥林匹克森林公园的最终方案，将奥林匹克森林公园分为南北两园。南园，占地380hm²，定位为生态森林公园，以大型自然山水景观的构建为主，山环水抱，创造自然、诗意、大气的空间意境，兼顾群众休闲娱乐功能，设置各种服务设施和景观景点，为市民百姓提供良好的生态休闲环境。北园占地300hm²，定位为自然野趣密林，将成为乡土植物种源库，以生态保护和生态恢复功能为主，尽量保留现状自然地貌、植被，形成微地形起伏及小型溪涧景观，尽量减少设施，限制游人量，为动植物的生长、繁育创造良好环境。

奥林匹克森林公园的设计，处处呼应了北京的文脉，与北京的“三山五园”相融一体，体现了北京的地域特点。其中奥林匹克森林公园的山水做法把这一理念体现得淋漓尽致。山体造型大气、平缓；由北向西，由高到低，与整个西山的走势相呼应。不仅符合传统造山做水、山北水南、山水融为一体的做法一致，更与颐和园、北海在风景与文韵上遥相呼应，形成了一个新的大型北京山水园林系统。这些无不体现了对北京的城市记忆的尊重，对城市文化的传承。

“通向自然的轴线”既贯穿了整个北京城，也贯穿了五千年的中华文明。设计师们将北京的中轴线延伸到奥林匹克公园之中，延伸到了自然之中，也延伸到了历史之中。其尽端的“奥海”与轴线东侧的奥林匹克运河组成“龙形水系”，与北京古城区内中轴线西侧的水龙——什刹海、中南海遥相呼应，形成对称式布局。

1 | 2
  | 3 | 4

1 2005年通过的最终景观规划方案的奥林匹克公园总平面图
2 2005年通过的最终景观规划方案的奥林匹克森林公园总平面图
3 2005年通过的最终景观规划方案的竖向分析图
4 2005年通过的最终景观规划方案的功能分区图

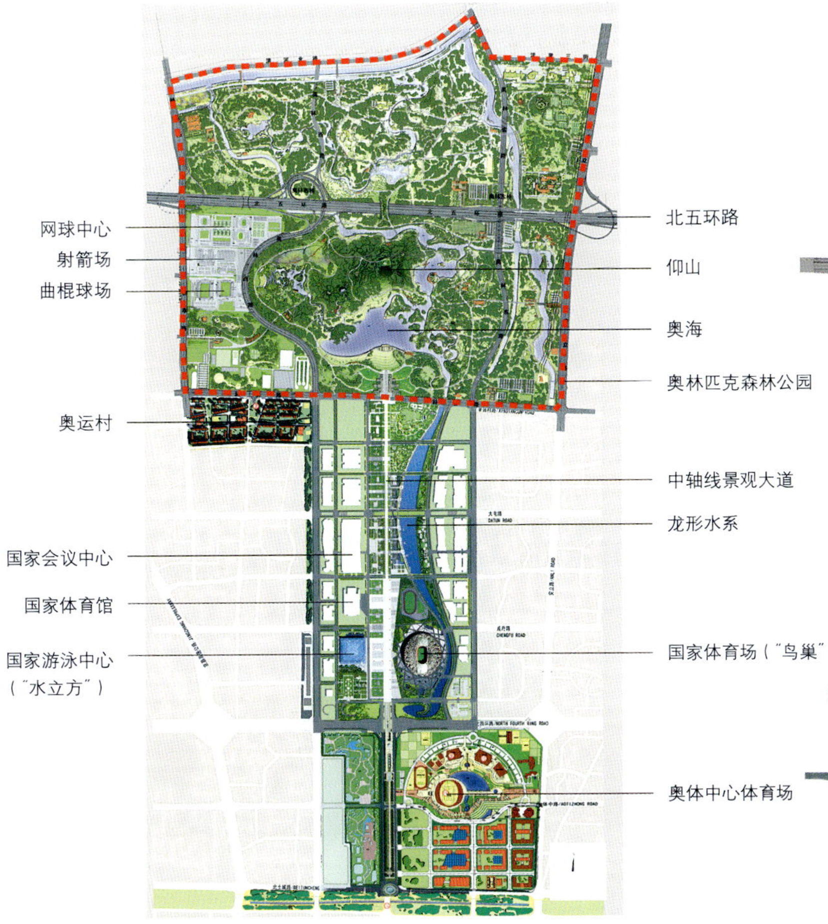

奥林匹克森林公园采用的叠山理水的设计方法，是中国传统园林典型的设计手法。中国园林和西方园林最大的区别在于把自然山水通过艺术的哲学的和文化方面的深层提炼，浓缩以后在城市中再现，将大自然引入城市。从这个理念上说，奥林匹克公园通过奥林匹克森林公园真正体现了中国数千年造园文化的传统理念。同时将各具特色的现代化场馆容纳其中，形成一个有时代气息的中国式园林，更加体现了中国文化千变万化、包罗万象的魅力。在整个设计山水的过程中，胡洁老师带领的团队和北京林业大学的孟兆桢院士等造园专家、教授，一起研究山水的做法。他们都是中国传统园林最权威的老专家，有了他们的参与，奥林匹克森林公园的设计中更好地体现了中国特色。

奥林匹克中心区也同样专注于中国传统文化的展示。只是与奥林匹克森林公园不同的是，奥林匹克森林公园侧重于阐释中国传统文化中“天人合一”的境界，而奥林匹克中心区则侧重说明中国传统文化中的“礼乐”相映的人文真谛。以盘古为龙首的建筑群，通过恢弘的气势说明了龙的精神在中华民族心目中不可改变的位置。下沉花园，则通过7座院落向外国友人解释着家国天下的中国人文情怀。通红的威风鼓，洋溢着中华民族特有的热情与喜庆。这些典型的设计元素把中国与世界、上古与现代、人文与自然紧紧地联系在一起。

奥林匹克森林公园与中心区在设计过程中，均考虑到了工程成本控制的问题。以奥林匹克森林公园为例，通过挖湖堆山方法叠山理水，营造出的公园不仅在景观效果上与北京皇家园林相映成趣，同时也合理利用了既有的资源。仰山山顶的景观平台，被称为天境，设计之初，有人提出希望建一个颐和园式的复古形式的大建筑，经过反复讨论和模型参照，最终设计师把传统画中的自然山石松树和自然平台组合做成一个山顶天境，同时为了强调“通向自然的轴线”理念，选用泰山石作为传统园林景石。这样的设计，一方面满足了展现中国传统造园文化魅力的要求，另一方面也满足了山顶观景的功能，同时大大降低了工程成本。

奥林匹克公园无疑是成功的建筑设计和园林设计。中华五千年文明沿着中轴线缓缓流入锦绣翠屏之中，正契合了中国人对历史古老而独特的譬喻，历史如滚滚流水、巍巍青山。

1 奥林匹克森林公园航拍图
2 在奥林匹克森林公园南入口广场看以山水为背景的喷泉表演
3 站在天境向南回望中轴线

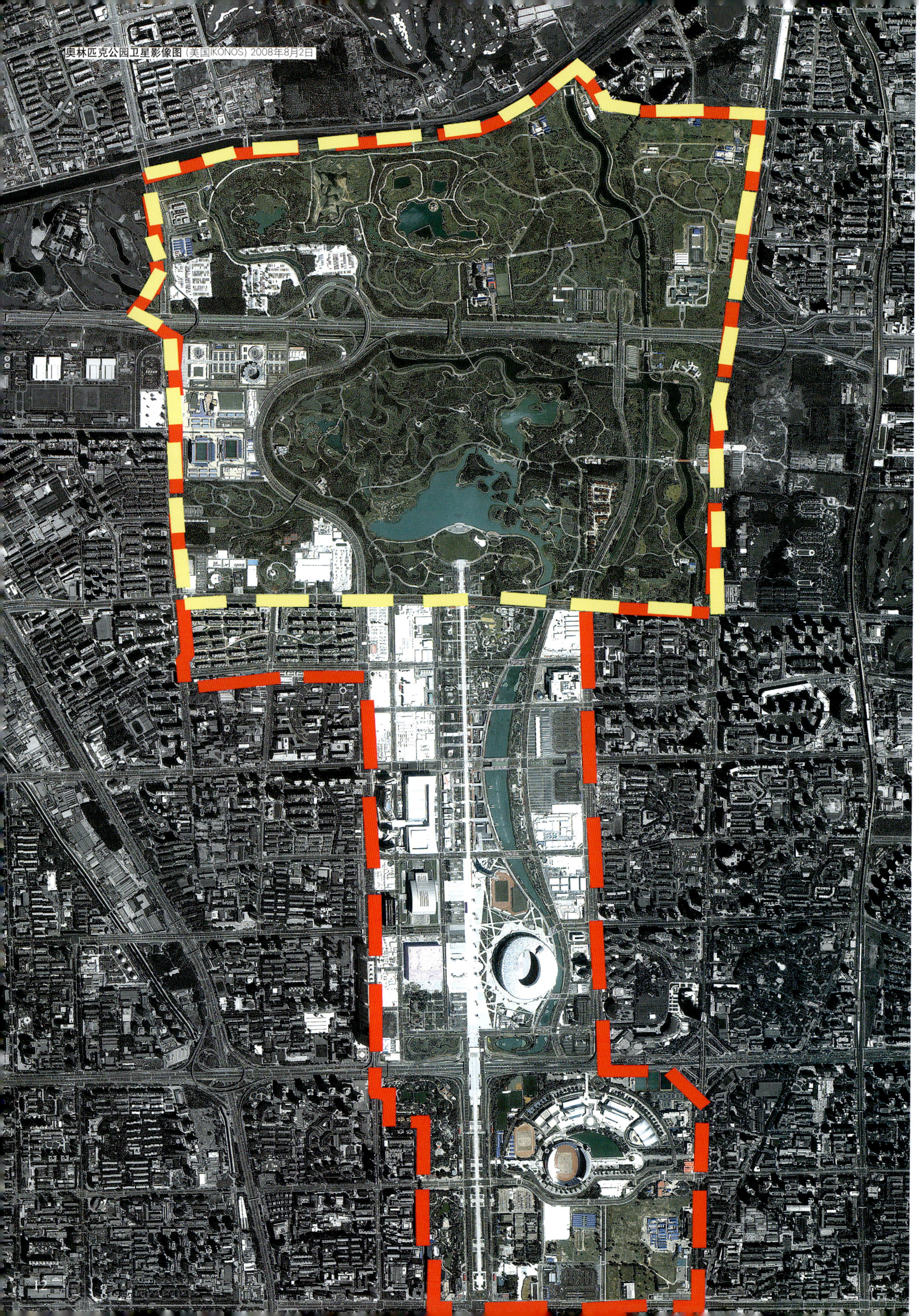
奥林匹克公园卫星影像图（美国IKONOS）2008年8月2日

第二章

奥林匹克公园中心区景观规划设计

Landscape Planning and Design of Olympic Central Area

第一节 奥林匹克公园中心区景观规划设计

一、建设背景

2001年7月13日，北京赢得了2008年奥运会的承办权。根据场馆总体规划，北京奥运设施的布局基本可描述为"一个中心，三个区域"。其中的"一个中心"即奥林匹克公园，这里集中了10多个比赛场馆，奥运会一半以上的金牌将产生于此。2002年4～7月，由北京市规划委员会组织，面向国内外公开征集奥林匹克公园的规划设计方案，共收到境内外规划设计方案50多个。美国SASAKI景观设计公司与天津华汇公司的合作方案被推荐为一等奖，并基本确定为实施方案的基础。2005年初，以北京市新奥公司为业主单位，对北京奥林匹克公园中心区重要景观详细设计进行了招标，由北京市建筑设计研究院、北京市市政工程研究总院、北京中国风景园林规划设计研究中心、北京市水利规划设计研究院、北京城建设计研究总院有限责任公司组成的设计联合体中标。

二、项目概况

北京奥林匹克公园选址位于北京市区北部，城市中轴线的北端，分为三个区域：北端是680hm^2的森林公园；中心区315hm^2，是主要场馆和配套设施建设区；南端114hm^2是已建成场馆区和预留地。奥林匹克公园的规划将着眼于城市的长远发展和市民物质文化生活的需要，使之成为一个集体育竞赛、会议展览、文化娱乐和休闲购物于一体，空间开敞、绿地环绕、环境优美，能够提供多功能服务的市民公共活动中心。

奥林匹克公园是北京举办2008年奥运会的心脏，容纳了44%的奥运会比赛场馆和为奥运会服务的绝大多数设施。其中奥林匹克公园中心区是整个公园的核心部分，在中心区内布置有国家体育场、国家游泳中心、国家体育馆及国家会议中心等赛时比赛场馆，20余万平方米的地下商业建筑面积，以及庆典广场、下沉花园、龙形水系等景观设施。

三、设计过程

北京奥林匹克公园中心区重要景观详细设计的招投标的规划总用地面积82hm^2，用地范围南起北四环路，北至辛店村路，东起北辰东路，西至北辰西路，用地范围内包括国家体育场、国家游泳中心、国家体育馆及国家会议中心。

奥林匹克公园航拍图

招标文件要求奥林匹克公园中心区的功能布局应充分满足奥运会的要求，并重视城市长远有机的生长，有利于城市的长远发展；要体现生态、环保的概念；交通系统及交通组织规划应有利于赛时和赛后的使用，重视公共交通系统的建设；空间形态应体现北京城市特色，强调中轴线的特殊意义；应具有较强的分期建设与市场化融资运作的可操作性。

2005年5月方案中标后，又经过了1年多的深化设计与修改，并与各场馆及市政条件相协调，最终确定了现在的实施方案。

四、总体设计

奥林匹克公园坐落在老北京城的中轴线上，与北京古城遥相呼应，也成为了现代北京的重要组成部分。

北京城的起源和发展均系于城市中轴线。700多年前，忽必烈营建元大都时，即在什刹海东侧画一南北中轴线与其相切，由此确定了城市位置。明灭元后，中轴线向南延伸，及至16世纪修筑北京外城，终于形成了7.8km长的北京城市中轴线。现在的北京市区即以明清的北京城为基础，向外扩展而形成的。

奥林匹克公园中心区位于明清北京的中心——故宫的正北方向，明清的北京以故宫为中心，中轴线是旧城的重要特色，奥林匹克公园正是其中轴线向北的高潮区，这条通向奥林匹克森林公园的轴线延续了北京的中轴线，也延续了北京的人文与历史。

奥林匹克中心区的总体规划设计，在空间上充分体现北京特色和中轴线的特殊意义，在功能布局上既充分满足奥运会的要求，并有利于可持续发展，重视交通系统组织及建设，体现"绿色奥运、科技奥运、人文奥运"的三大理念。

奥林匹克公园中心区的景观设计延续了北京城市的棋盘格网布局，设计风格"简约、现代、宏大"，三条相互渗透的轴线和一座下沉花园成为设计的最大特征。三条轴线分别是体现庄重理性的中轴、体现人文自然的绿轴和体现生态科学的水轴，三条轴线在一个相对紧密的空间内相互联系、互相交融，形成统一整体。同时强调了景观东、西方向的联系，形成更加稳定的格局，下沉花园理念的提出，使地下商业中心对外开敞，利于人流的出入，并使景观空间立体化。

北京传统的中轴线是实轴，它南起永定门，贯穿着正阳门、天安门、故宫、景山等许多大型建筑，北抵钟鼓楼。奥林匹克公园的中轴则是不摆放建筑的虚轴，2.4km长、60m宽的中轴景观大道贯穿中心区，延续北京中轴线平缓开阔的空间形态，奥林匹克森林公园的仰山稳稳地压于轴线之上，颇具北京古城之内景山之于故宫的神韵；国家体育场、国家游泳中心、国家体育馆等体育设施分布两侧，拱卫着中轴；北端的湖泊与轴线东侧的龙形水系组成一条巨大的水龙，与北京古城区内中轴线西侧的水龙——什刹海、中南海遥相呼应，形成对称式布局。这样，已延伸至26km长的北京城市中轴线成为了一个人文与山水相融的整体。

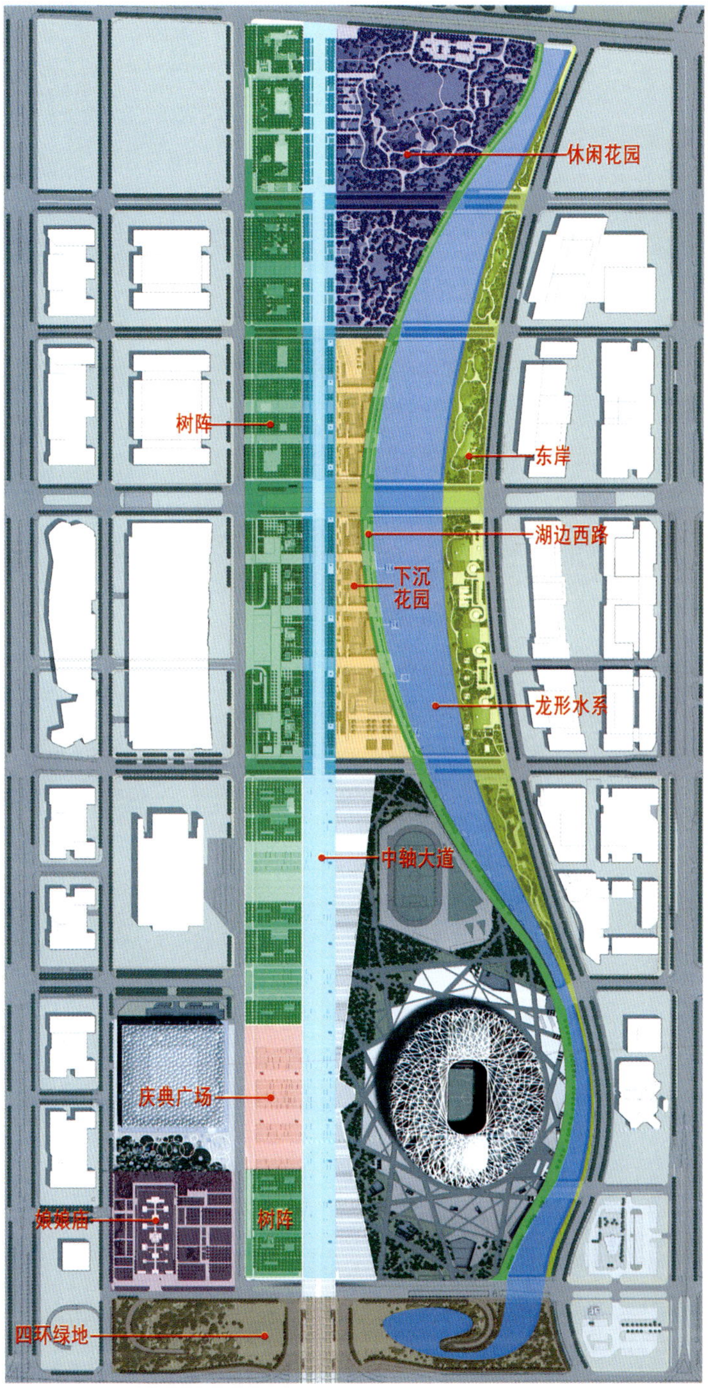

奥林匹克公园中心区景观分区图

根据中心区景观设计特点，可将中心区总体景观分为中轴景观大道（北京城市中轴线的延长，宽度60m）、树阵景观区（位于中轴景观大道西侧）、庆典广场（位于国家体育场和国家游泳馆之间、中轴景观大道西侧）、下沉花园（位于公园中部，国家体育场北侧，中轴景观大道东侧）、北侧休闲花园（位于下沉花园北侧，中轴景观大道东侧）、龙形水系（位于国家体育场、下沉花园、休闲花园东侧的带状水系）、东岸自然花园（位于龙形水系东侧的带状水边绿地）等不同的特色景观区域。

国家体育场

夜幕下的国家游泳中心

1. 中轴景观大道

奥林匹克公园中轴景观大道是北京市中轴线的北部端头，南起熊猫环岛，北端止于奥林匹克森林公园南门广场区，分为民族大道和中心区两段，总长度达3.7km，宽60m。

北京的传统中轴线始建于元代，成熟于明清时期，以故宫和皇城为中心，南起永定门，北到钟鼓楼。奥林匹克公园的中轴景观大道更是北京传统中轴的一个延长。在对传统中轴考察后，中轴景观大道借鉴了天坛，天安门，故宫等中轴建筑的传统御道铺装，中央11m区域内采用灰色花岗石铺装，大气，简洁，富有气势，既增加了其使用的耐久性，也延续了传统中轴的历史厚重感。

中轴景观大道其他区域铺装也都以灰色调花岗石为主，严谨、统一。中一路以南区域60m宽度范围内均为花岗石铺装，中一路以北21m范围内采用了花岗石铺装，在21m以外区域增加四条种植池，最外侧种植池各为两排银杏，间隔6m，下木为大叶黄杨篱，中间两条种植池，大屯路以南为应时花卉，以北为颜色由深到浅的丰花型月季，突出赛时的效果，并隐喻奥林匹克公园由城市向自然的过渡。

奥林匹克中心区内有数条东西向市政道路与中轴景观大道平交，为了保证中轴的整体性，在市政道路与中轴相交处21m范围内，采用与中轴景观大道相同的花岗石铺装，最终形成了一条完整的气势恢宏的中轴景观大道。

1 | 2 | 3

1 中轴景观大道效果图
2 中轴景观大道南段
3 中轴景观大道北段

熊猫环岛

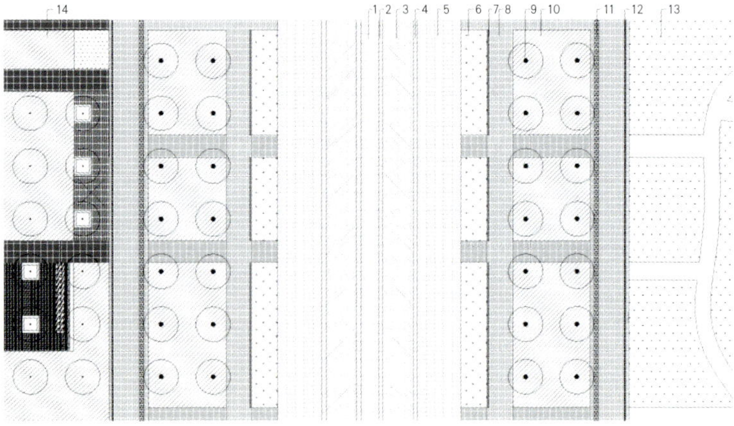

中轴北段平面

1.1995×990×250浅灰色烧毛花岗石
2.990×495×250浅灰色烧毛花岗石
3.995×245×150浅灰色烧毛花岗石斜铺
4.995×495×250浅灰色烧毛花岗石
5.995×495×250浅灰色烧毛花岗石
6.应时花卉种植池
7.125宽不锈钢线性透水沟
8.250×125×80浅灰色透水砖
9.银杏
10.大叶黄杨篱
11.500宽花岗石盲道砖
12.125宽不锈钢线性透水沟
13.休闲花园
14.树阵区

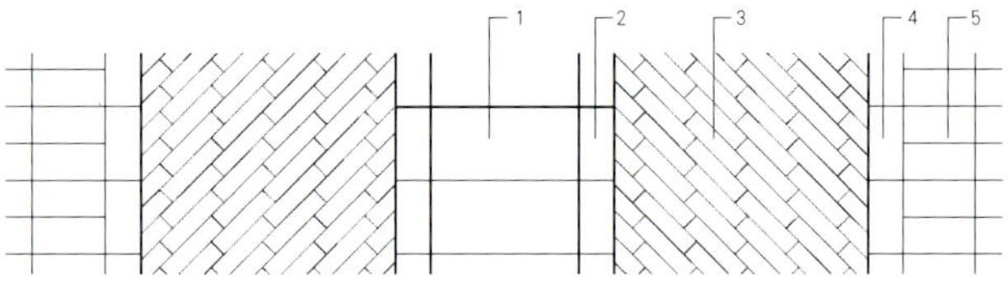

中轴平面大样

1.1995×990×250浅灰色烧毛花岗石
2.990×495×250浅灰色烧毛花岗石
3.995×245×150浅灰色烧毛花岗石斜铺
4.995×495×250浅灰色烧毛花岗石
5.995×495×250浅灰色烧毛花岗石

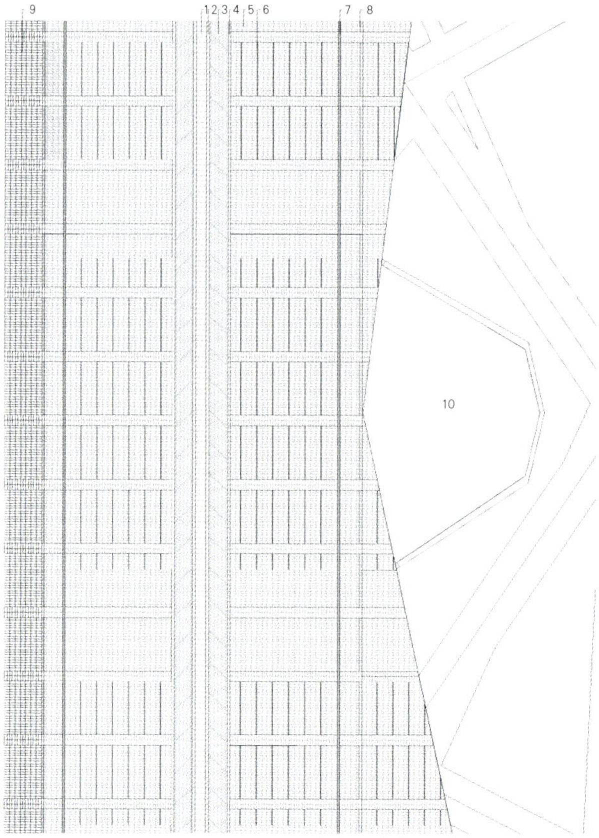

中轴南段平面

1.1995×990×250浅灰色烧毛花岗石
2.990×495×250浅灰色烧毛花岗石
3.995×245×150浅灰色烧毛花岗石斜铺
4.995×495×150浅灰色烧毛花岗石
5.995×495×150浅灰色烧毛花岗石
6.125宽LED灯带
7.500宽花岗石盲道砖
8.125宽不锈钢线性排水沟
9.庆典广场
10.国家体育场VIP入口

中轴景观大道铺装

2. 庆典广场

庆典广场位于奥林匹克公园中心区南部，国家游泳中心西侧，中轴景观大道东侧，与国家体育场隔中轴景观大道相望，是中轴序列的一个高潮。庆典广场南北长约260m，东西宽约100m，是奥运会赛时主要庆典活动及人流集散中心。庆典广场主要以提供开阔的室外广场环境为主，地面采用1000mmX500mm全花岗石铺装为主，表面烧毛处理，经久耐用，目的是为人群提供一个庆典的场所，适应大量人流的穿行。

在庆典广场的南北两侧，设计了两个全地下旱喷泉池，为庆典广场增加了趣味，并可改善空气的湿润度。

3. 树阵景观带

树阵景观带位于中轴景观大道西侧，长2.4km，宽100m，沿中轴景观大道由高大乔木形成的20个矩阵整齐排列，乔木之间纵横间距为6m，由南至北厚度呈渐变布置，在国家游泳中心、国家体育馆东侧打开形成庆典广场和体育馆广场。树阵林下设有变化丰富的休闲空间，设置供市民活动的场地、雕塑及辅助设施，树阵下地面由南部纯铺装向中部树下规整绿篱、北部树下自由绿化逐步渐变，体现了由现代城市向郊野森林公园的过渡，硬质铺装全部采用透水砖。

树种选择以北京乡土树种为主，设计主要苗木为银杏，间以油松、毛白杨、国槐、栾树等。南北贯穿高大银杏，体现出中国风格并能描绘北京金秋特色季节景象的银杏大道。

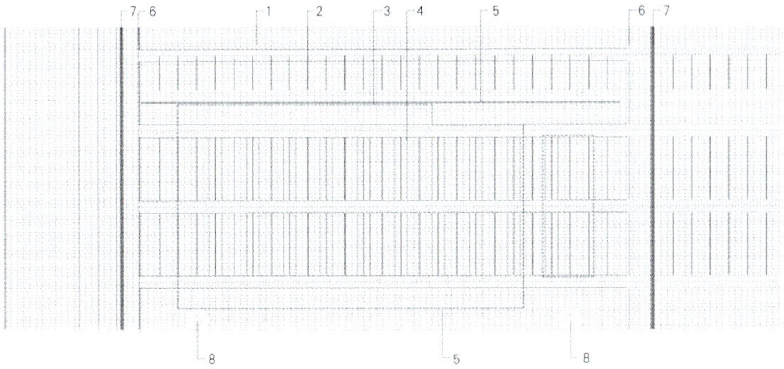

庆典广场旱喷平面

1.995×245×150烧毛花岗石
2.125宽LED灯带
3.旱喷池地下轮廓线
4.125宽不锈钢旱喷篦子
5.缝隙式不锈钢排水篦子
6.125宽不锈钢线性排水沟
7.500宽花岗石盲道砖
8.景观灯柱

庆典广场旱喷夜景

庆典广场旱喷日景

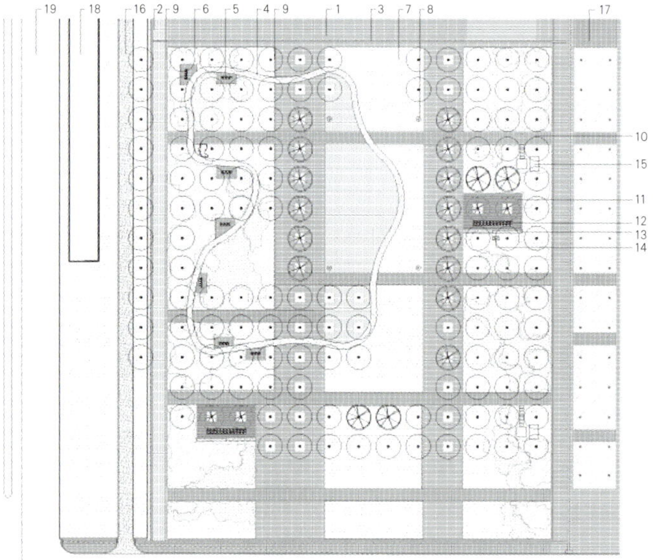

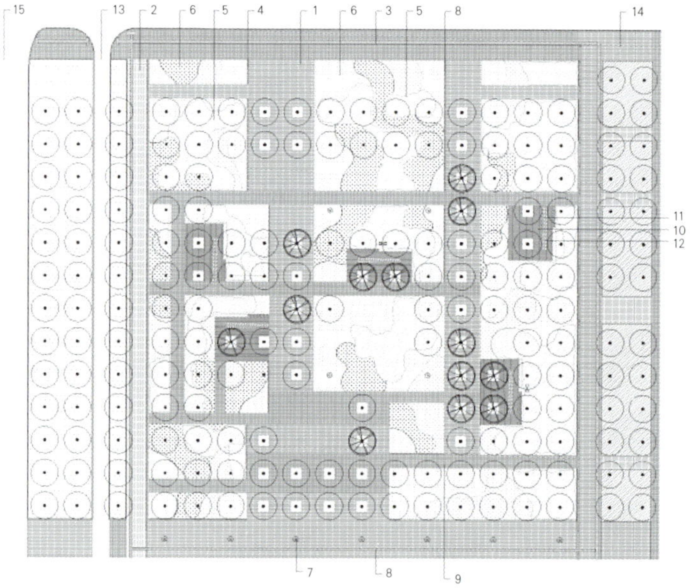

树阵平面图

1.250×125×80浅灰色透水砖
2.500×250×65生泰砂透水砖人行道
3.500宽花岗石盲道砖
4.露骨料透水混凝土步道
5.标准休闲座椅
6.花灌木
7.草坪
8.庭院灯柱
9.125宽线性排水沟上覆碎石
10.125×125×80三色透水砖杂拼
11.林间休闲广场，青砖立铺
12.大座椅
13.砖砌景墙
14.配电箱
15.综合信息接入点
16.露骨料透水混凝土自行车道
17.中轴景观大道
18.地下环隧出口
19.景观路

1.250×125×80浅灰色透水砖
2.500×250×65生泰砂透水砖人行道
3.500宽花岗石盲道砖
4.125宽线性排水沟上覆碎石
5.灌木或花卉
6.草坪
7.庭院灯柱
8.125宽线性排水沟上覆碎石
9.125×125×80三色透水砖杂拼
10.林间休闲广场，青砖立铺
11.大座椅
12.砖砌景墙
13.露骨料透水混凝土自行车道
14.中轴景观大道
15.景观路

树阵景观带

树阵下的休闲空间

4．下沉花园

北京的巨大魅力不仅仅体现在皇家建筑方面，还体现在众多的四合院民居上。四合院是因北京的气候而产生的住宅建筑，其中包含着许多值得今人借鉴的建筑设计思想。

奥林匹克公园的下沉花园有着中国传统元素的特色。从紫禁城的红墙，到北京的四合院，从历经千年的鼓乐，到盛唐的马球运动，在这里都有体现。1号院御道宫门、2号院古木花厅、3号院礼乐重门、4号院和5号院穿越瀛洲、6号院合院谐趣、7号院水印长天7个院落截取了皇城根的城市片段，在城市的中轴线和现代的体育场馆之间，创造了一种开放的全新景象。

5．休闲花园

休闲花园占地面积10.8hm^2，分为南北两个地块，是中轴尽端与森林公园相接处的缓冲地段。该区域人流量相对较小，景观植被设计突出了人与自然的和谐，是奥林匹克公园中心区的自然式文化生态休闲花园，也成为联系北部森林公园的过渡地段。

在种植方面，采用自然式种植，以成片、快速成荫、作为整个中心区的背景为主要目标。休闲花园南北两个花园均采用自然式栽植手法，周边紧密围合，中间空旷，留有余地，便于活动，中间有花卉与花灌木组成的花境。

6．龙形水系

贯穿奥林匹克中心区南北的龙形水系总长约2.7km，水面宽度20～125m，总水面面积为16.5hm^2，水深0.6～1.2m，在中心区内自然曲折，形成了奥林匹克中心区的水轴，并与奥林匹克森林公园内的奥海共同形成了一条完整的龙形水系。

水系的水源主要为北小河污水处理厂的高品质中水，创新应用了自然水景系统、高效过滤和强化除磷系统进行水质净化。通过人工构建和强化底泥生物－水生植物－水生动物之间稳定的生态平衡和生物链关系，强化水体自然净化能力的稳定人工水生生态系统。采用自然水景系统维护方式无需换水，每日仅需补充蒸发渗漏水量，大大节约了水资源。河床以软质河床为主，水中种植不同的水生植物，既丰富了景观效果，又有净化水质的效果。

在水系中央段，与下沉花园对应部位设置总长600多米的水中音乐喷泉。

1号院御道宫门

2号院古木花厅

3号院礼乐重门

4号院和5号院穿越瀛洲

6号院合院谐趣

7号院水印长天

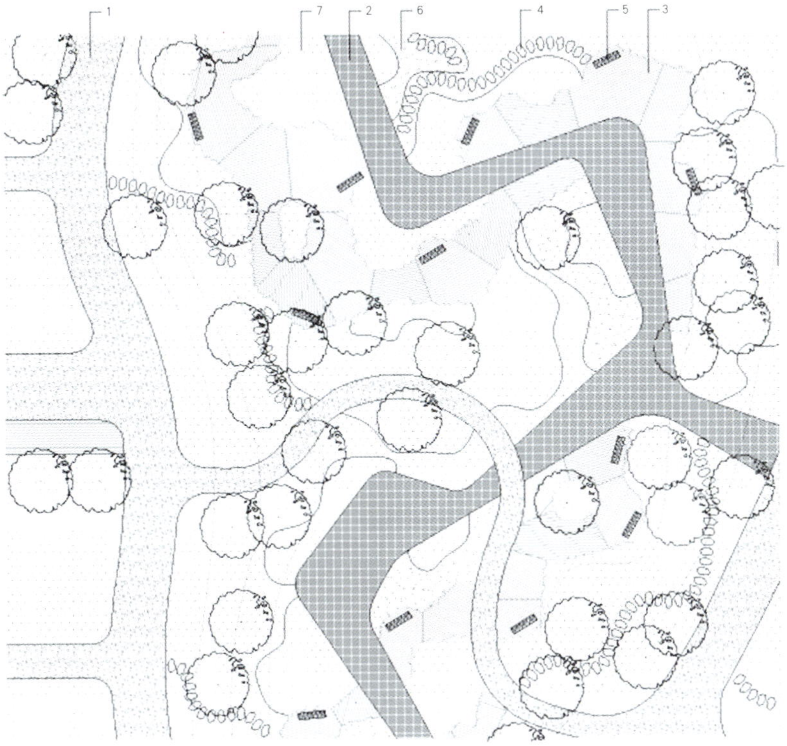

休闲花园局部平面

1.露骨料透水混凝土步道
2.仿石材混凝土压印艺术地面
3.木塑地板
4.自然石汀步
5.休闲座椅
6.灌木或花卉
7.草坪

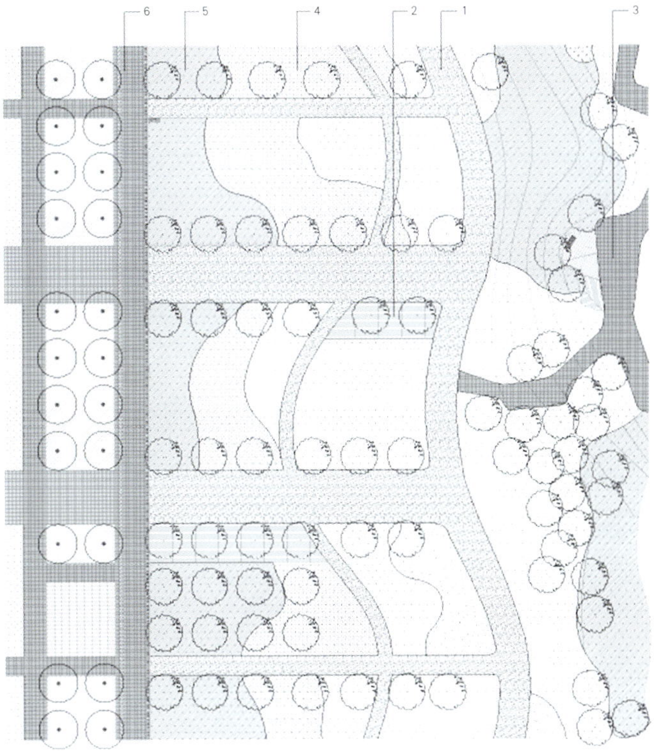

休闲花园与中轴相接处平面

1.露骨料透水混凝土步道
2.木塑地板平台
3.仿石材混凝土压印艺术地面
4.地被花卉
5.草坪
6.中轴景观大道

休闲花园

从龙形水系遥望国家体育场和玲珑塔

龙形水系周边种植-1

龙形水系周边种植-2

龙形水系北段

夜幕下龙形水系中的音乐喷泉

灯光下的龙形水系

7. 湖边西路及亲水平台

湖边西路位于奥林匹克公园中心区龙形水系西侧，南起南一路，沿途经过鸟巢、下沉花园、休闲花园至辛店村路，沿龙形水系自然蜿蜒贯穿整个中心区，宽度15m，总长约2.36km，是北京不可多得的一条景观非机动车道。在湖边西路的铺装设计上，首次使用了景观效果较好的透水混凝土人行及自行车道、木塑地板人行步道。在下沉花园段，结合地下商业顶板设计了供行人游憩的亲水平台，根据高程变化设置石台阶、木平台、座椅等，形成独特的水岸休憩景观，强调了城市水岸的设计感。

8. 东岸自然花园

东岸自然花园占地面积6.3hm²，位于龙形水系以东，湖边东路以西的长条带状绿地，在水平方向上与中轴相互对应，全长2.3km，宽度5~67m不等，主要为绿地，采用自然式种植手法，靠湖边东路一侧较为紧密和封闭，乔灌结合，而面向湖边一侧为疏林草地、花卉，开敞，便于从东岸观赏中心区场馆，也便于中心区看过来有水、草坡、灌木、树林的效果。

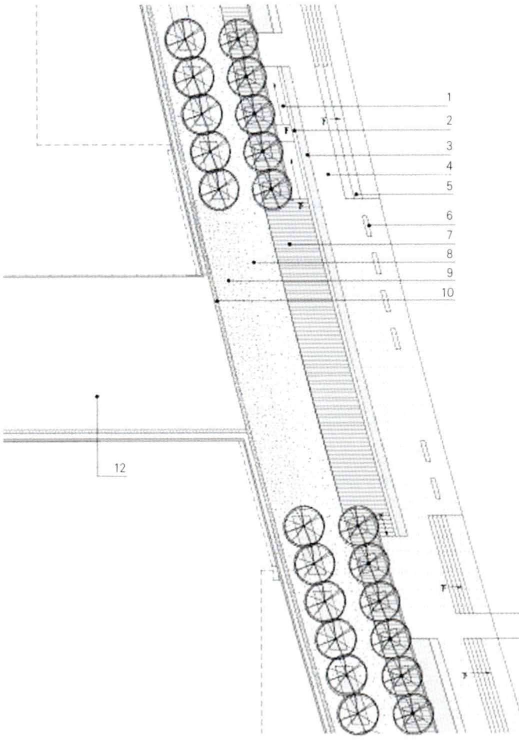

湖边西路及亲水平台

湖边西路的透水混凝土人行及自行车道

湖边西路木塑地板人行步道

1 湖边西路
2 湖边西路的独特水岸休憩景观
3 湖边西路石台阶水岸形式

1	
2	3
4	5

1 湖边西路亲水平台
2 东岸的芦苇丛
3 东岸自然式种植
4 东岸长条带状绿地
5 从东岸遥望盘古大厦和国家会议中心

9. 四环绿化衔接带

四环绿化衔接带占地面积6.5hm²，是中心区与北四环的连接处，也是进入中心区的主要入口。两侧种植采用大树、草地、花灌木的效果，先为草地、疏林过渡、密林背景的方式，对中心区起烘托作用。

四环绿化衔接带主要功能是车行观看，景观形式以绿化为主，主要突出大片简洁、成片成林种植，充分考虑夏秋开花树种，强调大的烘托效果。连战赠送的“水袖”雕塑便置于此处。

10. 景观设施

在奥林匹克中心区内还设置有一些永久性的景观设施，如公共卫生间、变配电站、地铁出入口、信息接入点、直饮水点、完善的标志等，均作了精心设计。

四环绿化衔接带

水袖雕塑

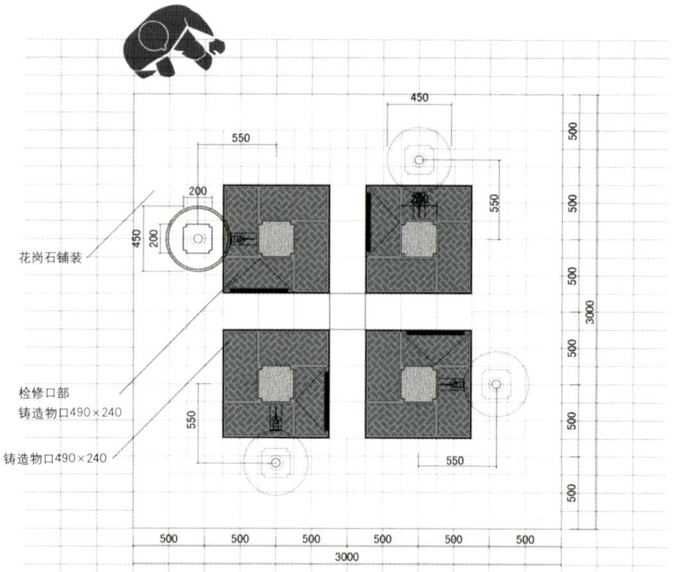

直饮水平面图

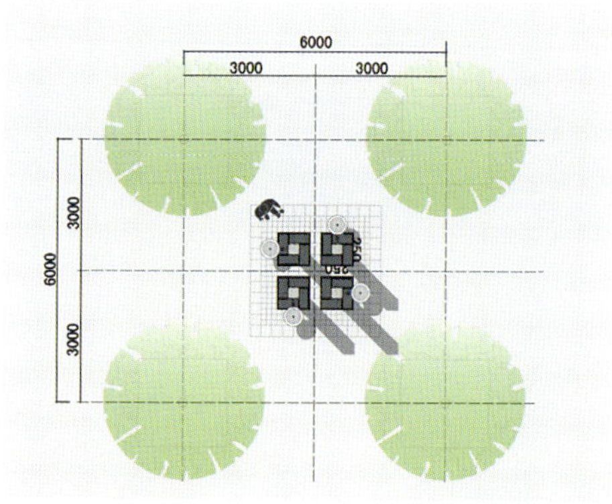

直饮水配置图

功能说明：
饮水盆：中国瓷器
龙头：国内品牌产品
在设计上充分考虑到残疾人使用方便

设施布置原则：
每200m设置1处，每处共4个饮水口

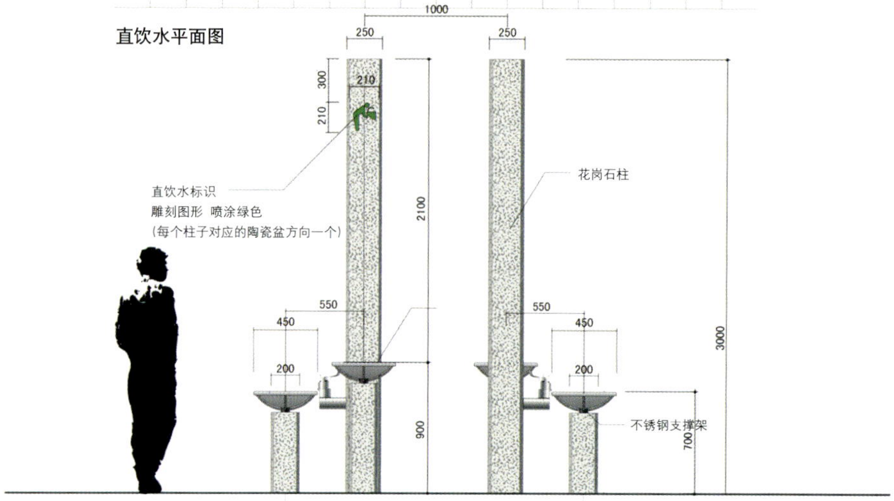

直饮水正视图

FC（Drinking fountain）
饮水处

1 地铁出入口
2 变配电室
3 4 公用电话亭
5 6 树阵卜的座椅

花园中的座椅

11. 景观灯柱

在60m宽的中轴景观大道上，在"鸟巢"、"水立方"等庞然大物面前，奥林匹克中心区的景观灯柱设计成为一个重点。

在中轴景观大道上竖立的一束束银杏树般的景观灯柱，不仅蕴含着中华民族的寓意，并且灯柱冠部的5个巨型银杏叶状灯片，又与奥运"五环"相映成趣。

根据照明需求，共设29根灯柱，其中沿中轴景观大道东侧南北纵向设25根，在庆典广场上设置4根，柱间距从72～90m不等。

蓝天白云下，景观灯柱柱身破土而出，向上生长，5个银白色的叶片在不同高度向周围展开，呈树冠形态，像礼花绽放，又似清泉喷涌；月色星空中，它们流光溢彩，像顽皮的精灵在空中翩翩起舞，使整个中轴景观大道熠熠生辉、美妙绝伦。

12. 玲珑塔——多功能演播塔

玲珑塔建于"鸟巢"北侧室外热身场地的西北角，中轴线以东，刚好和下沉花园形成对位关系。塔高150m左右，从下至上有5个演播室和1个顶部观光厅，地下一层为设备机房和配套设施。

玲珑塔平面呈三角形，3个角部分别为楼梯、电梯井，也是巨型钢结构的3个钢框架支点，框架筒之间用斜交钢梁穿插搭接，自然形成菱形的空间体，加上楼板和玻璃幕墙，行成多媒体演播室。

每个演播室单元又分两层，楼上为演播室，面积约300m^2，三面立窗均为高透超白玻璃，以保证拍摄质量。顶部为三坡斜玻璃顶，下面有吸声、防火遮阳帘吊顶等。楼下为服务平台，为半开敞空间，主要为空调、电气设备和整体组装卫生间。一层大厅面积为800m^{2}左右，主要是人流集散和临时展览功能。观光厅设在顶部，可以近距离俯瞰"鸟巢"、"水立方"，也可观赏中轴景观大道和龙形水系。观光厅之上还有钢框架收顶，其上有各种摄像设备和景观照明设施。3个垂直楼、电梯竖井，不仅具有疏散、交通功能，还是大量设备管线的竖向通道，功能可以拓展。

玲珑塔整体造型并非刻意表现"中国塔"，而是希望通过直接地表现结构的逻辑而适当回避形式问题。

五、新技术新材料的应用

在奥林匹克公园中心区的景观设计中，为了体现"绿色奥运、科技奥运、人文奥运"的三大理念，运用了一些国内领先的新技术、新材料。

雨洪利用。奥林匹克公园中心区采用了规模化的雨洪利用系统，以展示城市雨水排放新概念，实现雨水资源化，真正实现绿色奥运与科技奥运的理念。雨洪利用范围主要是透水铺装及绿地、水系，通过透水铺装、渗滤系统、收集系统把雨水汇集到雨水收集池，而后用于绿地灌溉。

生泰砂透水砖。生泰砂透水砖是一种国际首创的新型透水材料，采用沙漠中的风积沙为原料，通过破坏水的表面张力来达到透水效果，是一种新型的生态环保节能材料，具有节能、节水、节地、节材、生态环保等功效，及透水、透气、耐压、耐磨和融雪防滑的特性。

露骨料透水混凝土。露骨料透水混凝土也是我国一种新型的透水铺装材料，具有透气、透水、高强等特点。面层直接使用彩色石子（绿、白、黄、灰等）而不染色，且通过浇筑后表面处理把自然石面露于表面，使之具有自然质地和色彩的效果，艺术性更自然逼真。

木塑地板。木塑地板是一种新型的环保生态仿木材料，是用再生热塑性高分子材料与生物质纤维经过科学工艺配方复合加热挤出成型的新型建筑装饰材料，具有防水、防蛀、防霉、阻燃、不变形，无苯、氨及甲醛，无毒、无放射、无污染等优点，可以保留天然实木的质感、本色、纹理等元素，具有耐磨、实用性强、性价比高等优良品质，可以作为实木板材的替代品。木塑材料所采用

1 沿中轴景观大道东侧的一束束银杏般景观灯柱
2 从下沉花园看玲珑塔
3 景观灯柱

的原料以及生产工艺没有二次环境污染，边角废料及陈旧木塑制品可100%回收加工再生利用，是典型的循环经济产品，不但可以在一定程度上缓解以上环境污染问题，并可以大量代替天然木材的使用，从而减少对天然树木的过度采伐。

高承载植草地坪。在休闲花园和东岸的停车位都使用了高承载植草地坪。高承载植草地坪是通过钢筋将用模具制作出来的混凝土块连接起来，形成一个整体，再在空隙中填满种植土，播种或栽种草苗的一种铺装工艺。高承载植草地坪比传统的植草砖地坪的承载力有大幅度的增加，绿化面积也有大幅提高，达到近50%，景观效果也强于传统的植草砖地坪。

节水灌溉。奥林匹克公园中心区绿地面积较大，占到用地面积的55%，并且均设计为由乔、灌、花、草等多种植物组成的人工生态群落。不同植物对水分的需求也不同，作为向植物供水的灌溉系统，也应当根据不同植物的需水规律和需水量向植物提供“精准”灌溉。在奥林匹克公园中心区的喷灌设计中，采用的就是智能化的“精准”灌溉方式：根据种植的不同情况在喷灌区域中采用喷灌、滴灌、涌泉灌、树木根部灌溉等不同的灌溉方式，将不同的灌溉方法纳入同一个灌溉系统，以满足绿地植物群落多元化的要求。灌溉系统通过微机控制，可以根据土壤的含水情况及植物的需求控制灌溉用水量，并且首先使用的是通过雨洪利用集水池收集的雨水，达到节水的目的。

奥林匹克公园的设计，将城市空间作为整体考虑，将“绿色、科技、人文”的理念融入设计之中，形成一个大景观空间的概念，是中国传统文化与现代景观的设计手法的充分结合。北京奥林匹克公园的建设使北京城市的古老轴线向北延伸并丰富，翻开了北京城市建设的新篇章。

第二节 奥林匹克中心区下沉花园及中国元素主题设计

一、奥林匹克公园概况

奥林匹克公园位于市区北部、城市中轴线北延长线的北端，总用地约1157hm^2。包括：北区（森林公园）680hm^2，中区（奥林匹克公园中心区）315hm^2，南区（原国家奥林匹克体育中心用地及其南侧预留体育用地）162hm^2。在奥林匹克中心区建设项目包括国家体育场（"鸟巢"）、国家游泳中心（"水立方"）、国家体育馆、会展中心、数字北京大厦、奥运村运动员公寓，是举办2008年北京奥运会的核心区域。

奥林匹克公园空间形态体现了北京城市特色，强调中轴线的特殊意义；功能布局既充分满足奥运会的要求，又有利于城市的长远发展；交通系统及交通组织规划有利于赛时和赛后的使用，重视公共交通系统的建设；体现生态、环保的概念；具有较强的分期建设与市场化融资运作的可操作性。

奥林匹克公园明确了中轴、树阵、水系三条轴线在景观设计中的控制作用，通过促进轴线空间的相互渗透，强调了整体景观东西向的联系，使景观设计在平面概念中形成更加稳定的格局。

2006年9月多哈亚运会浓郁的民族特色，给大家留下深刻印象，使北京奥运会的主办方对2008年北京奥运会的建设有了更高的期望，虽然已经有了"鸟巢"、"水立方"等高水平的比赛场馆，但总体来说中国味还不够浓，因此希望增加中国传统文化的分量，能更形象地向世界各地的来客介绍中国。这个任务最终落在了已经初步建成的中心区下沉花园上。

二、下沉花园

奥林匹克中心区除了比赛场馆外还有20多万平方米的商业配套、餐饮以及交通设施，为了避免这些设施影响景观环境，将其全部设在地下，并专门设计了下沉花园联系地上地下空间。下沉花园具备中国传统空间的基本特征：它强调了南北序列，增加了地上地下的过渡层次，并用统一的语素围合了东西界面。

下沉花园位于中轴线与龙形水系之间，被3条东西方向的城市道路分割成为两部分，为方便步行，在下沉花园的南部和北部分别设计了3座和2座步行廊桥，与中轴线形成棋盘格式的交通体系。3条城市道路和5座步行廊桥将下沉花园分割成为7个院落，由南向北呈层次递进的空间关系，符合北京传统住宅院落的纵向发展结构，体现中国传统文化。

下沉花园的设计从北京传统四合院及中国古典园林中吸取经验，将步行廊桥下及商业店面外廊的地面提高，从上下两方面对下沉花园的空间进行限定，形成两个层次的地面。高处犹如中国园林中的游廊，引导游人，通过"收放自如"的设计方式，给予下沉空间在纵向上的起伏和韵律。每一座步行廊桥，犹如四合院的一道门，7个院落的划分打破了一个中心的局限，形成7个中心，7个中心由一条主线进行串联。

下沉花园的竖向交通设计，不仅保证了人流疏散的功能要求，同时更是空间构成和空间划分的重要元素，自动扶梯、观景电梯、步行楼梯等构成运动的元素，活跃了下沉花园的气氛。

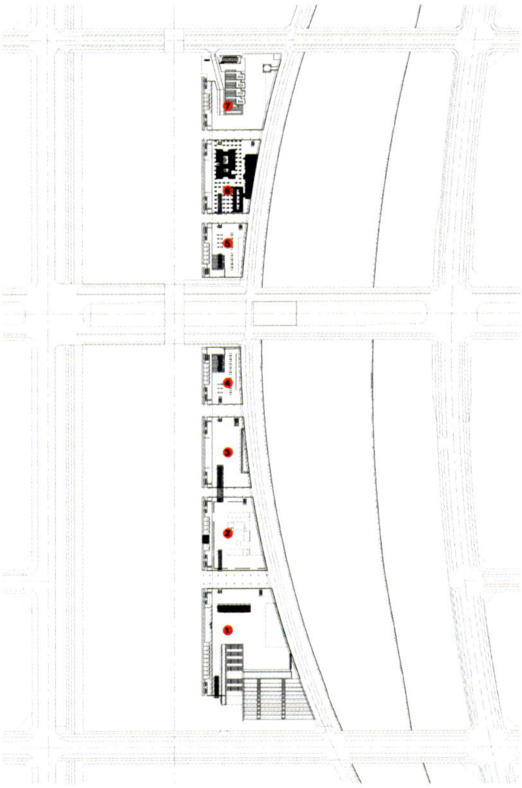

下沉花园总平面及模型照片

联系地上地下空间的下沉花园

分割下沉花园的步行廊桥

1 自动扶梯
2 步行楼梯
3 细部的传统元素
4 红墙的应用

三、中国元素

近几年来，在室内设计、装饰设计等领域，“中国元素”是一个热点词汇，它已经比较成熟地使中国传统的语汇具有了当代感，其成功是因为尺度比较小，做工细，并使用新材料和新构造。

“中国元素”对下沉花园的新景观设计和建筑设计具有一定的借鉴价值，它意味着新的设计是在原有设计格局基础上增加局部性的、元素性的内容，而不是进行全面的仿古设计。要将原设计中的建筑当背景界面来考虑，其中现代的交通设施等部件都按现代科技的要求进行设计，这样与新植入的传统元素有对比，将传统元素作为收藏品陈设在院落空间当中，才更能表现出老传统的新味道。

在下沉花园增加中国元素的难题是下沉花园尺度很大，用一种元素去做很容易产生单调陈旧感，容易做成仿古一条街，用多种元素分段做则易前后脱节。

经过对紫禁城红墙的分析，最终产生了下沉花园的整体设计概念——中国元素。

四、开放的紫禁城

众所周知，紫禁城和四合院是北京城文化的代表，但在以往的等级社会中，它们始终被高耸的红墙截然分开，代表不同层次的文化，是无法逾越的社会等级。而在今天，随着多元、开放、平等、和谐时代的到来，红墙的禁止功能被交流功能所取代，这条威严的红墙边界开放了，宫城禁地与民间胡同相互融合，合而为一，借助奥林匹克的契机，在奥林匹克公园创造新景观——开放的紫禁城（Unforbidden City）。

中国传统建筑设计都是围绕着尊卑分明的等级制度展开的，阐述"禁"的强烈意象，而"禁"的功能是通过墙表达的，在动荡不安的局势下，围墙的建设是为了满足安全的需要，并成为空间构成的框架，在围墙里是百态的生活。然后，当"禁"与"奥林匹克"碰撞时，产生了强烈的反差，开放的紫禁城，既保留了北京原有的意象，又通过红墙、灰墙重构了全新的动态空间，使人从这个新的场所中体验中国的传统文化。它是一条线索，从南到北贯穿了下沉花园；它是一个载体，自始至终承载着厚重的文化；它更是一条纽带，连通了历史与未来。

开放的紫禁城，从围合中突破，从禁止中开放，从中国传统封建文化中建立新的人文精神，这是奥林匹克精神与中国传统文化碰撞的火花。

下沉花园的围墙，将闭合的院落纵向切开并首尾相接，形成多个相接的"S"形，而不是7个单独的"O"形院落，将闭合的紫禁城变为开放的紫禁城，产生保持原始空间尺度又无限开放的意象。

代表中国元素的红墙成为贯穿7个院落的主线，起到提纲挈领的作用，用纵深感强调深厚的中国文化底蕴。红墙，取自紫禁城，与北京中轴线相呼应，是中国文化的载体，在下沉空间融入紫禁城的丰富内容，每个院落，既有发挥空间，又减少了空旷的感觉，借助中国元素的依托，形成无上下之分、无左右之别的、浑然一体的空间格局。

下沉花园沿中轴线方向的西侧定义为紫禁城的红墙，而东侧则是四合院的灰墙，红与灰形成反差，构成对话，红墙与灰墙的交叉、重叠、错落，营造出"不禁"之城，与"禁"城遥相呼应。

下沉花园的红墙

五、下沉花园的主题及集群设计

1. 下沉花园的主题

下沉花园对于2008年北京奥运会而言，无疑是一场盛大的演出，7个院落从不同的角度对中国传统文化进行了深入的诠释，讲述了7个动人的故事。

第一幕——御道宫门，表现了城市开门的宏大场景。御道宫门以故宫午门前广场为设计意象，午门前广场是古代举行胜利仪式的露天礼堂，御道宫门作为下沉花园的南侧入口，宽18m的台阶式御道引导游人进入下沉9m的广场，表达了宏大的场景效果，这里可以举行大型活动。

第二幕——古木花厅，通过代表北京特色的四合院空间的院落形式，拉近了人的尺度，让游人体验地方民居文化之魅力。

第三幕——礼乐重门，使游人重拾往日传统礼乐活动，感受中国古老文明。

第四、五幕——穿越瀛洲，这里是下沉花园南北部之间的联系空间，是戏剧的幕间休息片段，在大屯路人行隧道处红墙发生转折，使游人在穿越隧道的前后过程中体会时光流变。

第六幕——合院谐趣，展现了四合院作为公共活动空间的热闹场景。

第七幕——水印长天，这里是下沉花园通向北部休闲花园的出口，空间开阔，刻画了皇族的传统运动场面，体现了皇家园林建筑的宏大，强调其纪念意义。

2. 集群设计

2006年多哈亚运会动用了全世界的顶级团队进行组织策划设计工作，也对2008年北京奥运会产生了很大的启发。为了突出7个院落的特色和增加中国元素的细节，7个院落的中国元素设计都聘请了国内知名的建筑师，北京市建筑设计研究院为总协调单位，不但完成了两侧建筑界面、桥体和楼电梯等的设计，同时承担了1、4、5号院的设计；清华大学建筑设计研究院承担2号院的设计；中国建筑设计研究院承担3号院的设计；齐欣建筑设计咨询有限公司承担6号院的设计；北京山川设计事务所、北京市建筑设计研究院等几个设计单位组成设计联合体共同承担了7号院的设计。

在中国元素的概念指导下，各设计单位充分发挥各自的创造力，建筑师们从不同的视角进行探讨，形成既风格统一又丰富多彩的空间格局，对集群化设计是一次成功的尝试，也是对近些年来关于中国传统文化的当代性探索的一次集成。

六、下沉花园1号院——御道宫门

在下沉花园的7个院落当中，1号院用地面积最大，为14000m^2，南北长155m，东西宽65~131m。南侧的大台阶和坡道引导人们进入下沉花园，西侧是商业走廊，东侧为弧形墙面和突出的商业入口。

1号院以故宫午门前广场为设计意象，午门前 "Π" 形的城墙

夜景鸟瞰

所包围的空间是一个举行仪式的露天礼堂，是召开祝捷大会，也是布置仪式礼节用的空间。设计师认为午门广场之所以给人以震撼力，由三面围合形成的“空”是关键，因此设计师主动取舍，建立了御道——方形广场——宫门的秩序，放松了台阶东侧的不规则边角空间，强化了1号院的南北纵深感和三面围合感，使原本的异型空间具备了传统礼仪空间的稳定感。

中国元素设计主要内容包括：御道台阶和机动车坡道、方形广场、高10.4m的钢结构宫门、东侧商业体中国花格外饰面以及基地南侧标高44.9m处平台铺装和台地花园设计。

18m宽的御道台阶将人们带入地下9m的广场，宽大的台阶既有交通功能也有休息的作用，当广场举办演出活动时，这里就自然地成为观众区。台阶两侧用整块的收边条石，具有传统御道的气势。

正对大台阶入口是午门意象的宫门，结构形式采用钢结构梁柱体系。门架高11m，宽36m。门洞高5.8m，宽16.4m。门扇高6.0m，宽9.0m。为钢结构电控滑动门，导轨安装在门扇底部，门扇南面户外全彩LED显示屏，屏幕关闭后可播放18m宽5m高的巨幅画面，从大台阶南侧边缘到显示屏近处都有清晰的画面效果。

门架顶端南侧为挑檐深远的棚架，143根铝型材一端与门架铰接固定，8m长型材和4m长型材交错布置，相互连接，形成两条曲线，抽象地表达了反宇向阳的中国建筑神韵。

钢结构大门墙面外挂4mm厚的红色钢板，采用了西侧红墙的统一语素，从此拉开了开放的紫禁城的序幕。

从大台阶到宫门之间是36m见方的方形广场，铺装石材选用黑色花岗石，古朴庄重。广场强调了人性化设计，布置了LED灯阵和喷雾设施，两侧共有1008个喷点，采用高压低温喷雾模式，在夏季降低广场人行活动区域的温度。

这是一个多功能的露天空间，广场平时是集散空间、展览空间，广场也是表演的舞台，它以宫门为背景，在宫门洞口两侧装有电动高清LED屏幕，观众可沿大台阶拾级而坐，具有露天剧场的完整功能。这里也是礼仪空间，每天早上可举行城门开启仪式，让人们体验到传统文化的回归。

广场西侧是秩序严整石材柱廊，东侧是购物中心的入口，用中国传统窗棂图案作成整体金属网格，覆盖了商业体的三个立面及顶面。网格由钢板肋支撑，单元尺寸有1.5m×6.0m和1.5m×7.2m两种规格，顶面由金属支架支撑，单元尺寸1.5m×1.5m。为了适应商业体的大尺度，设计师们反复试验花格的图案，以寻求合适的密度。金属花格用15mm×30mm的钢板焊接，通过加大截面厚度的做法，既加强了整体装饰性又起到遮阳的作用。

广场的东南侧是树阵、跌水、喷泉组成的休闲空间，长50m、高6m的跌水墙面组成一幅展开的中国长卷，承接了树阵的跌水，形成一幅天然山水画。

广场地面采用漫坡设计，通过调节水位高低产生涨潮退潮的变化，再配合喷泉营造出互动参与的活动方式。

这个空间非常简洁，相当于做了留白处理，从而突出了御道宫门的主题。

1	2	3
4	5	

1 1号院平面图
2 1号院中国花格
3 1号院模型
4 1号院宫门剖面图
5 1号院宫门正立面图

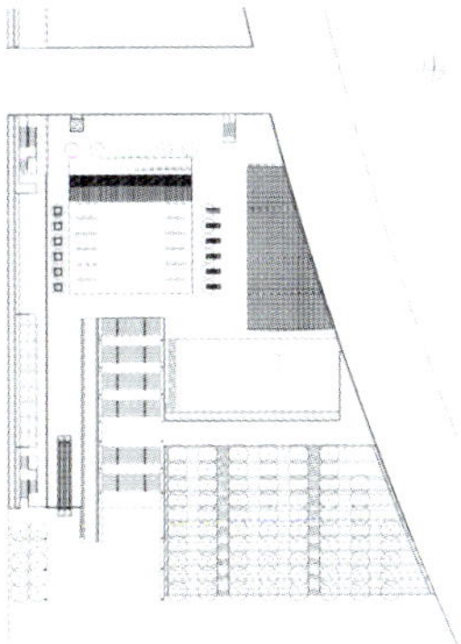
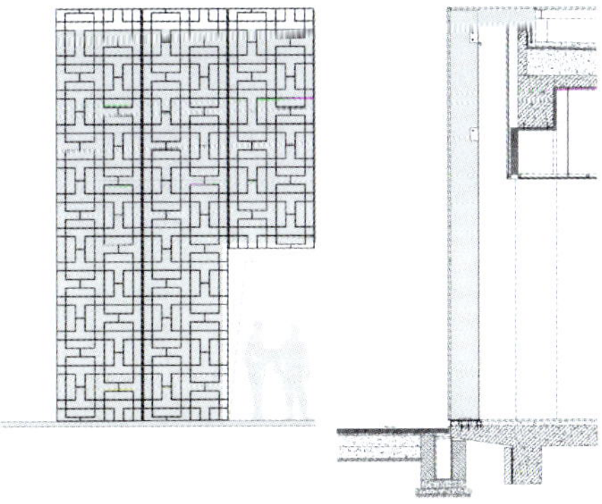

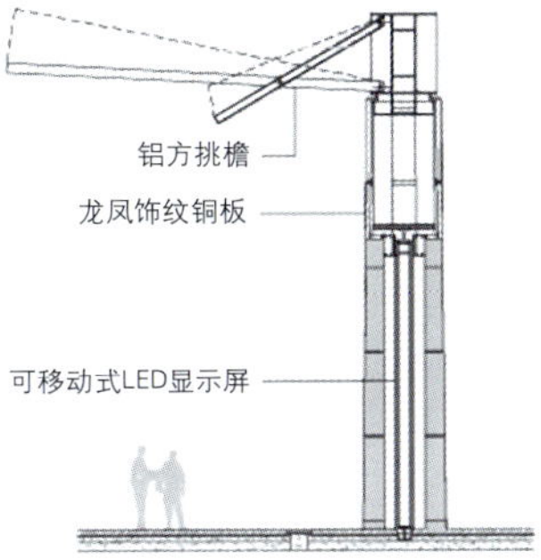

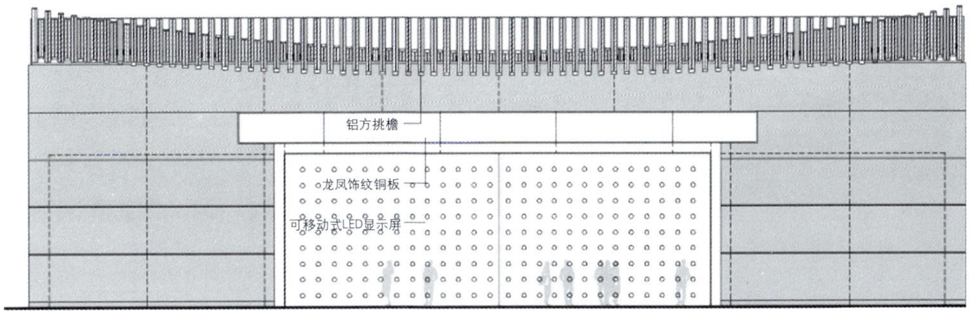

1 从大台阶到宫门之间的方形广场
2 宫门顶端挑檐深远的棚架
3 在宫门下回望多功能露天空间
4 宫门

1 广场东南侧的休闲空间
2 用中国传统窗棂图案做成的整体金属网格
3 广场东南侧的水滴雕塑

七、下沉花园2号院——古木花厅

下沉花园2号院的设计旨在为公众提供一种开放的公共文化空间，在大尺度的外部环境中，营造出亲切灵动的空间氛围。院落的核心是一组北京民居中最具代表性的三进制四合院。

"天棚鱼缸石榴树，老爷肥狗胖丫头"勾画的是北京四合院的生活场景，是一种朴实的天伦之乐。北京四合院，是北京市井生活的真实写照，始于12世纪，是生活传统、社会伦理的产物，也是北京几百年来邻里文化的积淀。四合院的内部空间具有很强的交往性，所有建筑围绕着中心院落展开，层层铺垫，主次分明。四合院的外部空间内敛、聚合、互动，展现给人以自然舒展的交往性。

以"古木花厅"为题的2号院实际性质是"城市的客厅"，在尺度巨大的奥林匹克公园给公众一个开放的、可以自由出入的、惬意的城市休闲空间。该院落设计保持了四合院的基本空间格局，倒座、影壁墙、垂花门、抄手廊、正房、厢房、后罩房等基本元素一应俱全，除了完整的屋面及支撑屋面的传统做法外，非承重构件全部取消，代以开放的室外空间，将传统的封闭空间转化为开敞的室外空间。这是一个大胆的尝试，将封闭内向的四合院空间打开，同时具有内敛和外敞空间特点，使四合院的文化氛围延伸到整个院落中。同时，镂空瓦墙、倒影水池、立瓦铺地等元素的加入，给传统空间注入新的表达语言。

院落中央四合院的外围是一组景观花墙，以传统灰瓦砌筑成镂空墙，中间勾勒出传统民居围墙中典型的什锦花窗图案。花墙的顶端设置溢水装置，整面墙成为一组滴水花墙。水滴顺着墙顶瓦当滴水的端点流下，形成水线或水珠串，加上景墙下的水雾，折射出中国古代文人墨客笔下的"檐下听雨声"的诗意境界。

商业外墙主体延续镂空瓦墙的做法，在下部入口引入丝网印刷竹纹玻璃外墙，成为四合院外部空间的背景，与四合院空间相互呼应，这种围合感和层次感表达了丰富的文化意境，形成一片适宜游人活动的室外休憩场所。

在建筑元素上，选取中国最具民族特色的典型的青瓦作为主要元素，从具象到抽象的应用，体现了不同的空间层次。四合院的屋顶界面，运用了写实的屋面瓦做法，传统而具象。院落墙的界面，在钢结构支撑构件的配合下，通过瓦的堆砌，产生有阴影的、立体的、半透明的表层，展现传统材料的丰富表情。在地面甬道的铺装上，采用重叠立砌的瓦片，质感的延续形成了统一的表达。

瓦在整个院落的穿插，成为真正实现表里如一的设计元素，将时尚、朦胧、愉悦的视觉效果融入到传统血脉之中。

北京四合院讲究花木扶疏、幽雅宜人，在该院落中种植了老北京四合院中常见的白玉兰、丁香、金镶玉竹、西府海棠、龙爪槐、寿星桃等传统植物，寓意吉祥，雅俗共赏，力求表达三种意境：

秩序——中国传统建筑屋顶意境

亲和——中国传统院落空间意境

诗韵——中国传统文化精神意境

1	
2	4
3	5

1 古木花厅——城市的客厅
2 打开的四合院空间
3 中国传统建筑屋顶意境
4 倒影水池
5 抄手廊

1 围合四合院的景观花墙
2 勾勒什锦花窗图案的镂空墙
3 用重叠立砌的瓦片作为甬道铺装

八、下沉花园3号院——礼乐重门

3号院位于下沉花园的中间，是从南向北的第三进，院落东侧为龙形水系下的地下商业，西侧为地铁奥运支线与部分商业空间，南北两端与前后院落相通，是一个过渡性的空间。在该院落中，设计师运用大红、金黄、铜绿等色彩，代表中国的堂皇。

3号院的红墙，不是灰砖红粉，而是用红色的钢构支起上百面“响鼓”。鼓面可敲，鼓内藏灯，白天是鼓，晚上是灯，鼓、灯结合为奥运搭起喜庆的红门。金黄色的，不是玻璃盖瓦，而是甬道旁一排“铜箫”，风过可鸣。铜绿色的钟楼，在钢架上挂满礼乐的钟磬铃，随风摇摆，清音绕梁。

青竹与长凳的设计，为游客提供轻松悠闲的休息环境，欣赏这东方礼乐盛事。

1 | 2
3

1 夜晚的鼓灯
2 藏在鼓架中的扶梯
3 3号院与2号院的衔接

对面页
1 | 2
3 | 4 | 5
6

1 金黄色“铜箫”细部
2 甬道旁的“铜箫”
3 高耸的钟楼
4 编钟细部
5 供游客休闲的长凳
6 穿行于礼乐空间之中

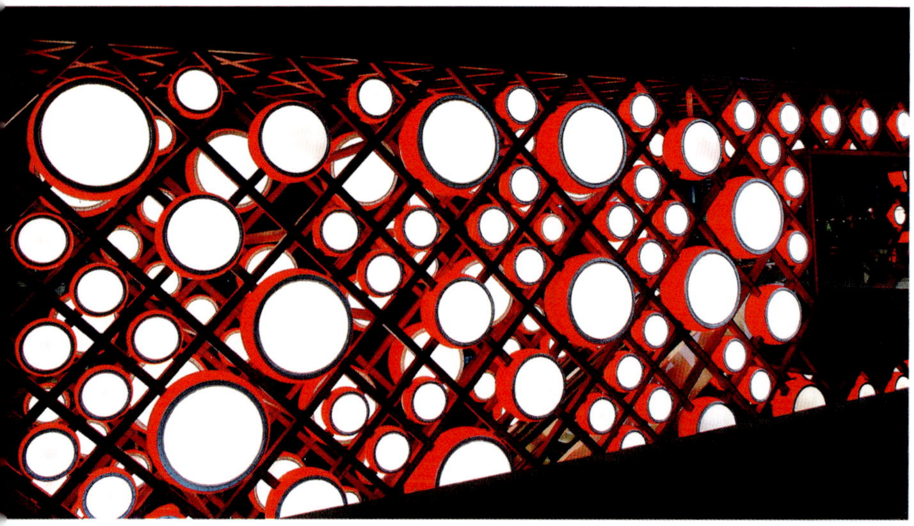

九、下沉花园4、5号院——穿越瀛洲

4、5号院以及大屯路人行隧道是下沉花园南北部之间的联系空间，面积均为1610m²。4、5号院南北各长62m，东西各宽31m，大屯路的人行隧道长110多米。

为加强南北部之间的空间联系，4、5号院主动淡化了自己的个性，采用对称的布局，使游人感觉两部分浑然一体。这也像是幕间休息后，观众对故事的情节依然保持连贯的印象。

具有戏剧性效果的场面是红墙在这里转折到东侧墙面，而灰墙则转到西侧，这种变化再次强化了开放的紫禁城之城内宫城与四合院的交融互换的理念。

由于4号院的地铁出入口和大屯路交通枢纽产生了大量的人员集散，而院落空间本身相对狭小，因此4、5号院没有增加过多的设施，而是用连续的红墙和棚架，强化交通的引导功能，同时采用植物、座椅等设施强化休息功能。

1. 中国元素之转折的红墙

沿西侧钢筋混凝土墙体上通过外挂钢板形成连续的红色外墙，在大屯路人行隧道入口反转到东侧，变成钢结构外包红色钢板。反转后的墙体高10.25m，宽0.5m，长20.20m。顶棚用21根铝型材铰接在两侧红墙顶端，向下垂吊玻璃顶棚，为使用自动扶梯的乘客遮风避雨。这个转折充分发挥了结构的力量从而实现了空间的连续性。

顶棚底标高与大屯路人行隧道吊顶高度取平，也延续了空间界面的整体感，使人在进入隧道之前就有了心理过渡。

2. 中国元素之时光隧道

大屯路人行隧道宽10m，由于受空间所限，高度仅为2.4m。为减小空间的压抑感，设计师在隧道中段去掉了24m长的顶板，使隧道直接透天，从而改善了步行环境。

隧道西侧是灰色金属墙，东侧则延续了红墙，墙面可以展示中国的书画艺术，使人行隧道空间变成可以游憩的画廊。

3. 中国元素之绿色的瀛洲

在7个院落当中，这里的中国元素非常简洁，更多地是运用自然语素，塑造瀛洲仙境的意境。

在庭院中栽种了中国石榴，通过一道道玻璃屏风，静态地表达出绿色的流动感，舒缓人们的情绪，起到了时空转换的作用。

另外，在干挂石材墙面外，覆以中国地锦等爬墙植物，形成一道绿色界面。

4. 中国元素之中国花格

4、5号院东侧购物中心的入口，依然采用1号院中的中国传统窗棂图案，以整体金属网格的手法进行覆盖，有力地加强了下沉花园的整体感。

4、5号院及隧道平面图

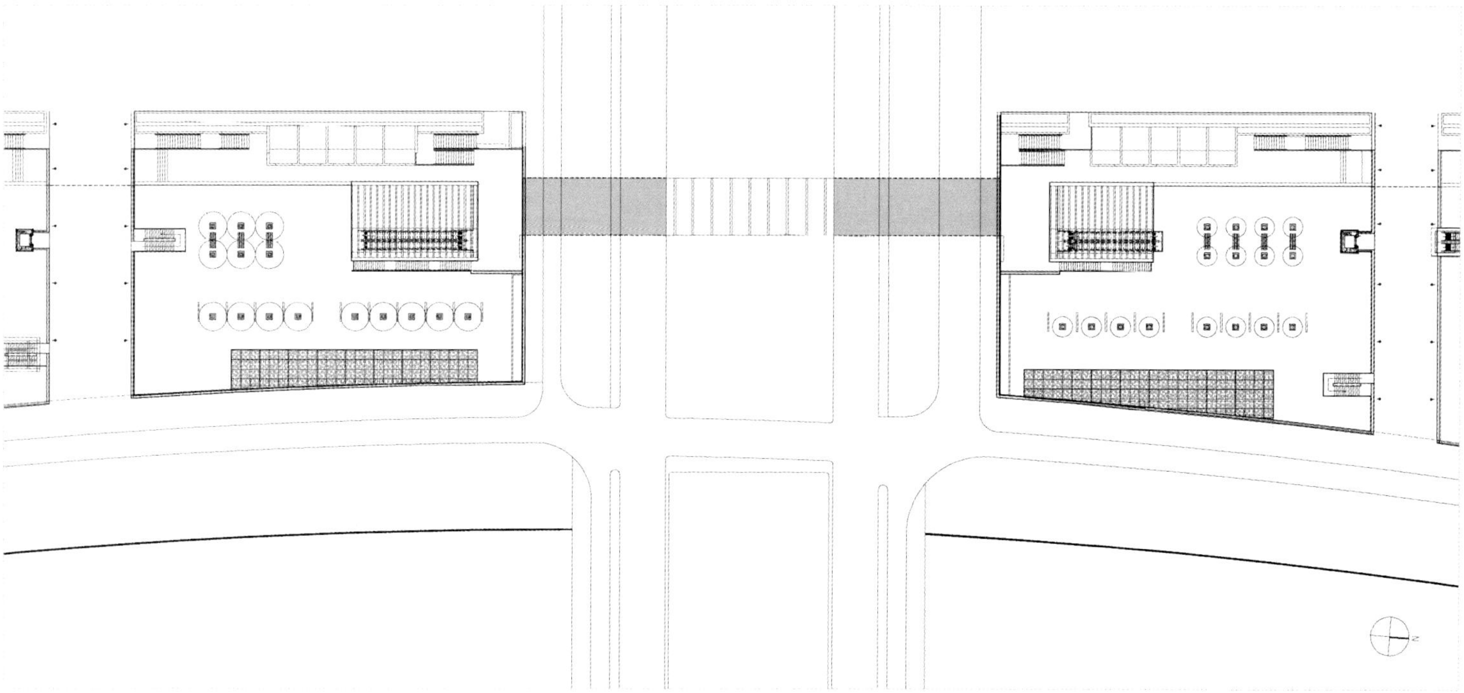

1	
2	4
3	

1 俯瞰5号院
2 中国元素之中国花格
3 俯瞰4号院
4 反转红墙的玻璃顶棚

5号院内的雕塑

俯瞰5号院

十、下沉花园6号院——合院谐趣

四合院群落的屋顶是老北京的一大特色，而下沉花园的场地标高比公园场地低9m，使展示建筑第五立面成为一种可能和必要。

除了屋顶，四合院建筑还具有以下特点：相对于城市，四合院是封闭而私密的居住场所，空间组织中充分体现了外合内敞的原则。建筑由简单矩形平面构成“间”，建筑群体由一系列“间”相拼而成。建筑结构为梁柱体系或框架体系，具有所谓的“墙倒屋不塌”的特征。建筑元素完全由预制构件组成。

私密与围合显然与下沉花园的公共性质相左，但这种矛盾和对立恰恰促成了从另一视角欣赏中国建筑的契机。利用“墙倒屋不塌”的原理，6号院设计清除了所有围合物，以彻底打破室外空间界线，由封闭和私密的空间转换为开敞的公共空间。

在一个被9m柱网围合的限定空间中，有另一层4.5m的柱网统辖了6号院的景观。柱网上的有些柱子打了个弯，与梁连接，其上支檩，檩上架椽，椽上铺瓦，与传统四合院建筑一脉相承。构件中依循祖先的做法，广泛应用预制构件，只是材料不再是木头，而是钢。钢的特性使原来相对繁琐的造型被简化，反映出时代的气息。

由梁柱支撑的遮阳棚为两侧的商业创造了室外拓展的条件，其中一条回廊在条凳的伴随下围合出一片水面，浅浅水池中铺满晶莹的玻璃珠，冬季可在视觉上取代水体。

四合院坡屋顶的造型，在西侧的商业建筑立面上得到演绎，仍是统一规格的钢管，保持着同样的坡度，但在这里却被竖向搁置，构成具有韵律感的墙面和出入口。

为使人们在不同的高度上观赏到不同的景色，设计师利用9m的下沉高度，将景观设计从简单的二维空间延伸到三维空间，柱网上大部分柱子直冲云霄，商贸悬挂着高高低低的红色圆环，在呼应奥运标志的同时，依据高度进行转换，时为座椅，时为台面，时为灯笼。入夜，红色的圆环营造出飘渺虚幻的景象。

灯笼的原型在东侧的商业建筑立面上得到另一种演绎，更加贴近“笼”，而非“灯”。

清除了围合物的6号院

1 开敞的6号院空间
2 仿四合院的柱网结构
3 对建筑第五立面的展示
4 直冲云霄的柱网和呼应奥运标志的红色圆环
5 回廊下晶莹的玻璃珠

1	
2	3
4	

1 为商业拓展室外空间的回廊
2 回廊与条凳
3 东侧商业建筑立面上的“灯笼”
4 夜色中的红色圆环

十一、下沉花园7号院——水印长天

7号院位于下沉花园的最北端，是下沉花园与北部休闲花园的衔接点。

7号院用皇家建筑中广庭的概念组合建筑空间，因势而起，地势相生，把现代商业建筑与以城之意向为主体的空间结构承转起合，浑然一体地联系在一起，形成了现代建筑与传统建筑相生相容的视觉效果。

城门为城邦之间通汇、贸易的主要命脉，城门打开，一片繁荣景象，寓意百姓安居乐业、国泰民安、四海升平。从另一个角度分析，在下沉花园整体现代空间构成的背景下，城门及城门周边的古建筑亦构成了体现中国传统文化的艺术品，更显中国人民平和、包容之气度。

7号院的设计取自紫禁城宫殿最高级别金銮宝殿的戗脊上的仙人走兽与幻化为11根立柱的宫墙融为一体，同时与4柱3间9楼金顶牌楼遥相呼应，以意带形，突显恢弘的皇家气度。置于城台之上的护栏，取自古建筑木雕房梁，以百年老榆木制成，亦有栋梁之才的用意，供游人近距离感触中国古代精湛的建筑艺术和雕塑艺术。一条10m的石雕坐凳，取自皇家建筑底座须弥座中的一部分，四平八稳置于水池边，供游人休息观赏水景。商业建筑幕墙表面的金属花格单元，取自传统建筑木窗棂，唤起人民对传统建筑生活环境的记忆。

7号院中设计了一组马球雕塑，以宋人李公麟绘制的《明皇击球图卷》为蓝本，再现了唐明皇、杨贵妃与王室贵族驰骋赛场、纵马戏球的盛景。雕塑的造型依据唐代风格塑造，男子矫健倜傥，女子丰腴娇媚，妇女的服饰华美而开放，发上簪牡丹花饰，马尾按照当时的风俗束扎起来。4人逐球雕塑中央的说明牌，造型取自唐代马球铜镜，其上雕刻铜带莲花纹的鞠球。雕塑在浓郁的唐风古韵中，透露出强烈的传承创新的视觉效果。以马球运动暗合现今中国人民胸怀开阔、意气风发的精神面貌，更寓意在祖国繁荣昌盛的社会背景下，奥运精神发扬光大。

7号院种植采用皇家园林中的白玉兰、紫玉兰等，与马球雕塑共同突显皇家气度与传统地方特色。

总体照明多采用暖光源，设计不追求光芒四射的视觉效果，而是追求夜晚环境的含蓄内敛之美。水池灯光将波影倒映在城墙上，形成"运动"的影像，又似淡淡的水墨画，流畅而灵动。

通往"城门"的石阶

1 1 驰骋于马球赛场上的王室贵族

2 2 11根立柱代表的宫墙

3 3 城台上百年老榆木雕刻而成的护栏

1 动感的雕塑造型
2 丰腴娇媚的女子雕塑造型
3 四人逐球雕塑
4 金顶牌楼的照明

第三章

奥林匹克森林公园景观规划设计

Landscape Planning and Design of Olympic Forest Park

第一节 奥林匹克森林公园景观规划设计综述

一、奥林匹克森林公园的规划条件

奥林匹克森林公园位于北京传统南北中轴线上，地处北京市区的北部，奥林匹克公园的北部，是北京奥运会的后花园，同时也是北京市最大的公共公园。

奥林匹克森林公园占地680hm^2，北至清河南侧河上口线和洼里三街，南至辛店村路，东至安立路，西至白庙村路。

北京城市中心骨干路网主要由环路加放射路构成，二环以内为旧城，四环以外为主要的城市建设区，四环路与五环路之间规划有绿化隔离地区。在奥林匹克森林公园所规划的范围内，具有相对较为完整而便利的交通条件。森林公园位于北五环路两侧，周边有多条高速公路和城市快速路、主干道、次干道等，与其他地区交通联系方便。从森林公园所处位置和交通流向看，本地区主导交通流向为市中心方向。在这一区域中，主要高速路包括八达岭高速路、北辰东路、安立路、辛店村路。另外还有清河北路、洼里三街等城市次干道。根据奥林匹克公园的总体规划，地铁10号线会经过奥运中心区直至森林公园，在森林公园南主入口处设车站，将来地铁8号线也将修建支线穿越森林公园向北延伸。

借助这些有利的道路交通条件，奥林匹克森林公园首先划定道路规划范围。森林公园四周规划道路包括：东侧的安立路，现况路宽4m，规划红线60m；南侧的辛店村路，规划红线50m；西侧的白庙村路，现况路宽6m，规划红线45m；北侧的清河北路和洼里三街，其中清河北路规划红线30m，洼里三街规划红线40m；其中，安立路、辛店村路、白庙村路均为城市主干路，清河北路和洼里三街是城市次级干路。

穿过森林公园的东西向道路仅有一条，为北五环高速路，规划红线80m，将森林公园分为南、北两园。穿过森林公园的南北向道路共有二条，由西向东依次是北辰西路和北辰东路，均为城市主干道。其中北辰西路规划红线60m，起点与辛店村路相交，终点与清河北路相交；而北辰东路的规划红线50m，起点与辛店村路相交，终点与洼里三街相交。除北辰西路、北辰东路、白庙村路、安立路与北五环高速路相交为立交以外，其余相交道口均为平交路口。

1 | 2
1 | 3

1 现状道路分析图
2 北辰东路照片（现改名为奥林东路）
3 北辰西路照片（现改名为奥林西路）

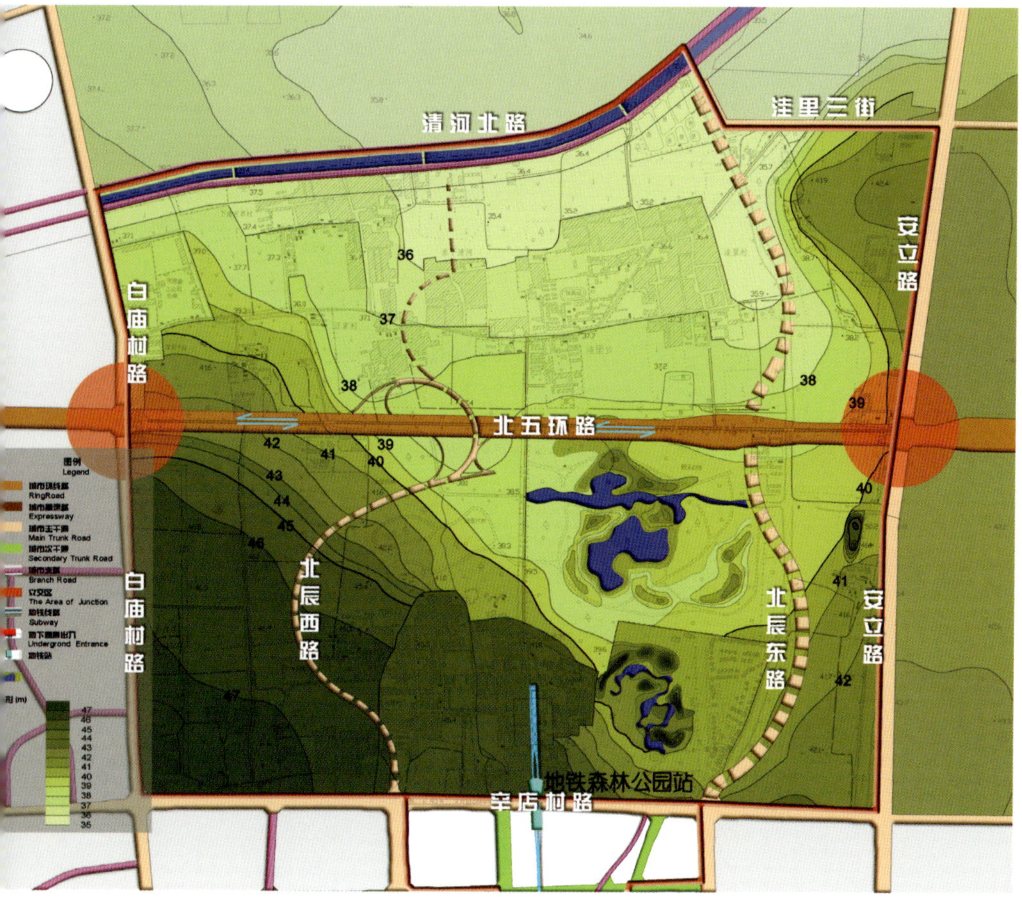

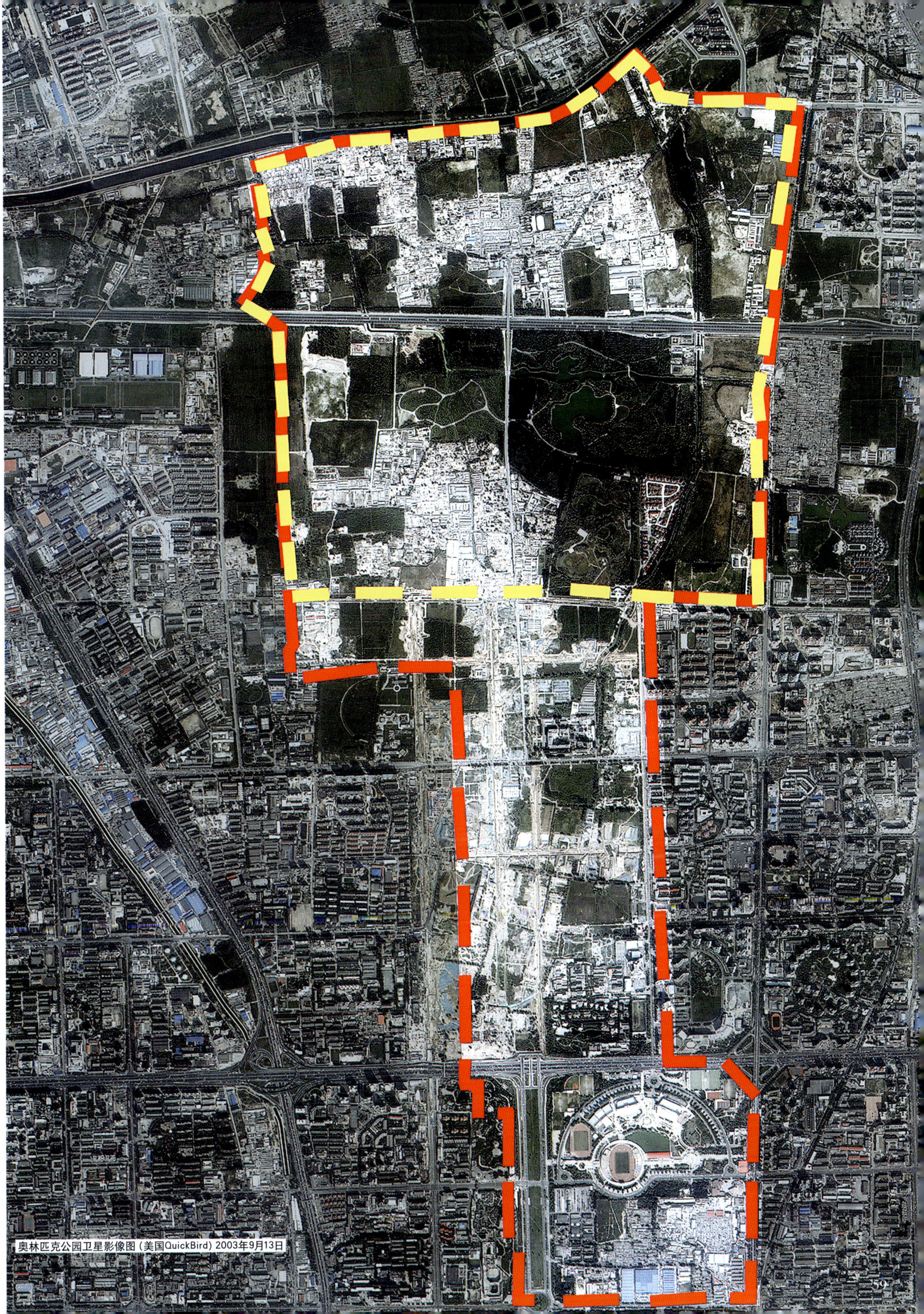

奥林匹克公园卫星影像图（美国QuickBird）2003年9月13日

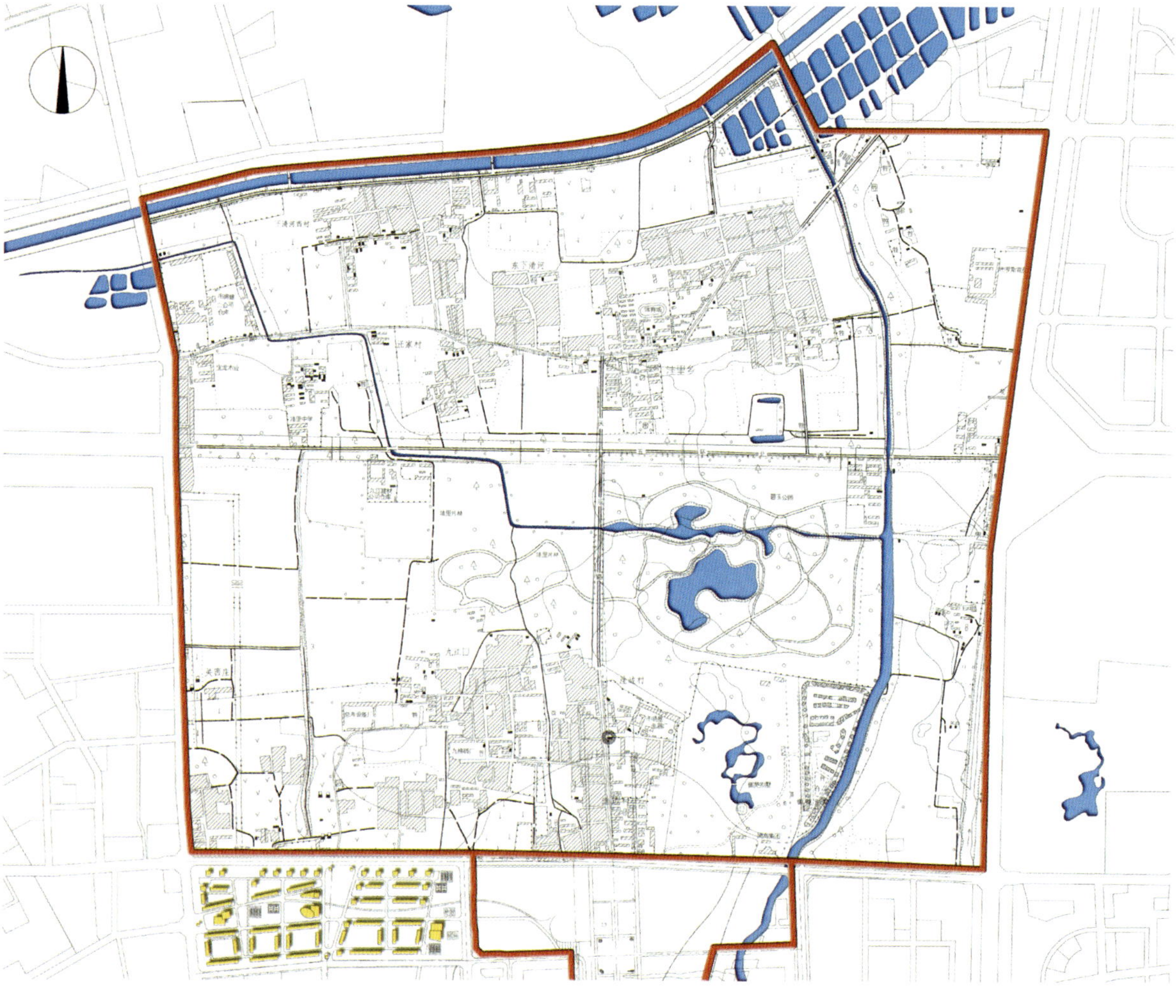

现状水体分析图

森林公园范围内原有水面包括两部分：一是主要分布在南园的湖泊，水面面积约2hm²；二是河道（渠），水面面积约4hm²，主要包括清河导流渠、仰山大沟、北小河等。其中，清河自西向东流经公园北部边缘。仰山大沟主要分布于公园东部，近南北向分布。人工湖泊，主要分布于南园的碧玉公园内，包括南、北两个湖区。南部湖区现已干涸无水；北部湖区水面面积约为50170m²，水深0.50～3.00m不等，水面标高35.9m左右。

北京市区西、北及东北方向三面环山，市区东、南及东南部为平原区（北京平原）。北京市区的第四纪沉积厚度由西向东逐渐增大，自西部山麓向东部平原，第四纪地层岩相也逐渐变化：西部各大河流冲洪积扇顶部地层以厚层砂土和卵、砾石地层为主；向东过渡为黏性土、粉土与砂土、卵砾石土层的交互沉积地层，在东部及北郊区，以厚层黏性土、粉土为主。根据森林公园场区周边揭示基岩的深层地质资料，森林公园场区的第四纪地层厚度（相当于第三纪基岩埋深）变化较大，在60～80m左右，自然地面以下至基岩顶板之间第四纪地层岩性以黏性土、

清河导流渠照片

仰山大沟照片

现状植被分析图

粉土与砂卵石土交互层为主。森林公园的总体地势为西南高东北低。

森林公园内原来已经形成了较大面积的绿化，主要以林地为主，树种包括垂柳、椿树、油松、白蜡、毛白杨、杨树、国槐、刺槐、馒头柳、银杏、榆树、桧柏、侧柏、松树、元宝枫等等。树木较密集的林地约340hm^2，较为稀疏的林地约65hm^2，另有两棵古树，其一为楸树，位于龙王庙内，胸径30cm左右；另一为柏树，胸径64cm左右。

森林公园内共有文物古迹14处，其中有11块墓碑，均为清朝康熙、雍正、乾隆年间所立。还有两组石刻，均为墓地华表，一组位于关西庄村兆惠墓前，另一组位于龙王堂村。最后一处古迹是位于龙王堂村的龙王庙。

洼里公园及碧玉公园保留林地照片

清户部尚书海望墓
古迹编号：石碑14、15、16、1
现状：墓坐北朝南，墓冢已平毁，现存墓碑四通、其龟趺不同程度被埋，最多埋至龟趺半身

清户部尚书兆惠墓
古迹编号：石碑23，华表24、25
现状：墓坐北朝南，墓冢已平毁，现存墓碑一通、华表两座，藏于树林中，保存完好，文字尚存

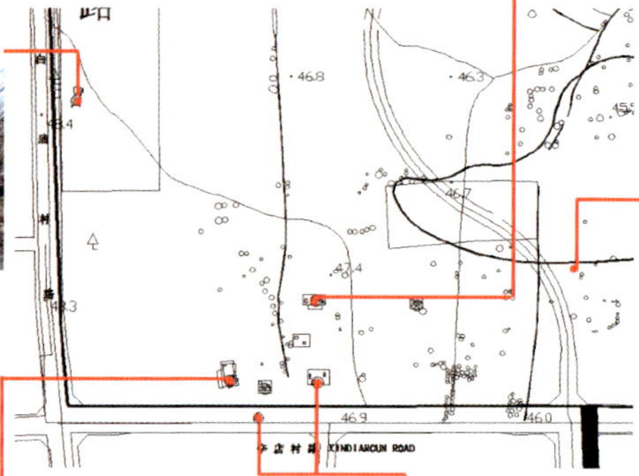

"奉天承运碑"
古迹编号：石碑13
现状：墓坐北朝南，墓冢已平毁，现存墓碑一通、其龟趺下半身被埋于混凝土中，碑身有残缺，阴阳两面皆有文字，但因碑身风化厉害，文字不详

龙王庙
古迹编号1～8
现状：仅存一间正殿、一庙门和三株楸树，殿前一株，殿后两株。正殿前有"重建龙王堂碑"已残，龟趺不知去向。据当地村民回忆原东西配殿各有一碑，现埋于正殿周围，具体位置不详；庙门前本为低洼处，现被土填平，门槛也被埋入地下

清雍正帝外祖父母及上三代墓
古迹编号11、12、18，华表10（文物古迹编号10为石碑，但对应位置上一座华表）
现状：墓坐北朝南，墓冢已平毁，现存墓碑三通保存完好，碑阳面有文，阴面无文、华表两座（一座位于恒性公司院内，一座埋于地下。据当地村民回忆，在所立华表旁1m深的地下，保存完好）

文物古迹分布简介

龙王庙及其墓碑现场照片

二、奥林匹克森林公园的总体规划设计理念

作为奥林匹克公园的重要组成部分，奥林匹克森林公园的规划设计理念首先是与奥林匹克公园结合在一起的。2003年11月，奥林匹克森林公园与中心区景观规划设计方案征集活动评选出3个优秀方案。第二号方案为北京清华城市规划设计研究院与美国SASAKI景观设计公司合作的方案，主题为"通向自然的轴线"。2005年4月14日，北京市规划委发[2005]400号《关于奥林匹克森林公园规划设计方案审查意见的批复》批示，原则上通过奥林匹克森林公园规划设计方案，以政府文件形式确定"通向自然的轴线"为设计主题。

奥林匹克森林公园坐落在北京古老中轴线的北端，其规划设计理念中必然传承了中国传统文化的精髓。"虽由人作，宛自天开"这一中国传统造园艺术的最高境界，也是其规划设计所执着追求的；山水错落，负阴抱阳，取"仁者乐山，智者乐水"的意境，使山水空间具有了人文的意义；绵延山水，跌宕起伏，寻求"一峰则太华千寻，一勺则江湖万里"一样的大气魄，突出表达人与自然相生共荣的和谐，而这正是中国上水文化的精髓所在；"龙形水系"，不仅取"水不在深，有龙则灵"的文化含义，更是将中国龙图腾向世界传播。可以说，奥林匹克森林公园的设计创意，使"通向自然的轴线"不仅仅体现在空间序列上，也使中轴线上的中国传统文化得以传承和升华。

由于奥林匹克森林公园是奥林匹克公园的组成部分，因此，在自南向北空间安排上，奥林匹克中心区代表着现代城市，而奥林匹克森林公园则代表着自然空间，"通向自然的轴线"就在这样的空间规划中得到了完美的诠释。

奥林匹克森林公园的规划设计，具有三项重要的城市功能。其一，它是城市的绿肺和生态屏障。奥林匹克森林公园是北京"郊野公园环"建设的重要组成部分，是一个以自然山水、植被为主的，可持续发展的生态地带，是北京市中心地区与外围边缘组团之间的绿色屏障，对进一步改善城市的环境和气候具有举足轻重的生态战略意义。奥林匹克森林公园的自然生态系统使代表城市历史、承载古老文明的中轴线完美地消融在自然山水园林之中，以丰富的生态系统、壮丽的自然景观终结这条举世无双的城市轴线。其二，它是北京奥运会的后花园和中国山水。奥林匹克森林公园是奥林匹克公园的有机组成部分，是奥运中心区重要的景观背景。森林公园的规划设计既保证了奥运赛时活动的需求，又符合建设一个多功能生态区域长期目标的需要。奥运会期间，森林公园将成为北京市带给各国代表团、运动员、组委会官员的一份珍贵的绿色礼物——一个充满中国山水特色情调的休闲后花园。其三，它是市民的森林和休憩天堂。奥运会后，森林公园将向公众开放，成为市民百姓的休闲乐土，成为集旅游观光、休闲娱乐、体育健身等多功能为一体的北京最大的公园。森林公园将为北京留下一份珍贵的奥运遗产——森林公园对改善北京生态环境、完善北部城市功能、提升城市品质、加快北京向国际化大都市迈进的步伐都起到重要作用，是现代意义上的自然与文化遗产。

奥林匹克森林公园的山水空间

作为北京中轴线向北的延伸，奥林匹克森林公园的景观规划设计布局沿用了北京城的规划与景观规划设计原则，城市棋盘式网格通过贯穿中轴线的有序景观延伸至公园内。这套网格起自湖畔，止于森林公园广场，北京的城市中轴线通过森林公园融入自然环境，森林公园又通过"龙形水系"融入奥运中心区、融入城市，城市与自然得以共融。

而同时，设计师也对森林公园进行了科学的功能分区。森林公园位于温榆河的支流清河南侧，北京第一道绿化隔离带中，有条件成为种群源地，通过河道、绿化带与温榆河种群源地联系，形成城市北部第一、二道绿化隔离带中良好的景观生态体系结构。同时公园紧邻市区，将成为大量市民休憩娱乐的场所。

森林公园由于现状北五环路的存在而自然地形成了南园与北园两个部分，根据南北园与城市的关系、周边用地性质、建设时间等的不同，规划北园300hm²占地面积建设为以生态保护与生态恢复功能为主的自然野趣密林，尽量保留原有自然地貌、植被，尽量减少人工设施，限制游人数量，为动植物的生长、繁育创造良好环境。而将南园380hm²占地面积建设为以休闲娱乐功能为主的生态森林公园，以大型自然山水景观的格局为主，山环水抱，创造自然、诗意、大气的空间意境，提供群众休闲娱乐功能，设置各种服务设施和景观景点，为市民百姓提供良好的生态休闲环境。

奥林匹克森林公园南园北以山体作为屏镇，南为水系，形成“山环水抱、起伏连绵、负阴抱阳、左急右缓，左峰层峦逶迤、仰止西山晴旅，右翼余脉蜿蜒、环顾龙湖胜景”的山水格局。山体设计绵延磅礴，以势取胜，水体设计绰约大气，以形动人，整个山形水系真假难辨，“虽由人作，宛若天开”，成功展示了中国传统山水园林的独特魅力。

主山景区力求创造极富自然情趣的生态山水环境，为中心区营造优美如画的景观背景，使北京中轴线渐渐消融在自然山水园林之中。主湖是奥林匹克公园最大的集中汇水面，面积达 20.3hm^2，是森林公园灵动之所在，与主山景区共同构筑森林公园壮美的自然山水景观画卷。主湖与中心区曲线形的水系与几何直线的城市格局对比映衬，在平面布置上不仅完善了“奥运中国龙”的形态，龙形水系还与人造山体共同构筑了“虽由人作、宛自天开”的自然山水画卷，曲水架构主轴，游龙若隐，气韵生动；环山主脉蜿蜒，风水流转，气象万千。从主轴画面上看，北侧是高耸的主山，得高远之“势”；南侧是开阔的主湖水面，得深远之“意”；圆形平台四周波光潋滟，人声悠远，空气中弥漫着温和的水气，游人站在平台上犹如置身在一幅山水画卷的中心，得平远之“景”。

奥林匹克森林公园鸟瞰图

1	1 休闲的南园
2	2 主山水格局
3	3 主山水秋景

休憩天堂

自然野趣的北园

1 主山俯视主湖效果图
2 从主山俯视主湖
3 绿色屏障

三、奥林匹克森林公园"绿色、科技、人文"奥运理念

森林公园的规划结合各种生态环保技术，通过人力打造具有和谐生态基础的自然环境，形成科学的生态体系。通过对森林公园的林地、草地、湿地、山地、水域等系统进行规划，恢复动植物群落，最终实现生物多样性，提高生态服务价值，改善周边的人居环境。北园严格控制内部的房屋建设，使其成为较为完整的种群源地，将人对自然的干扰降到最低。

通过在公园的各个区域规划设计不同的林地、灌木丛、草地等以及多样的湿地，使得每个区域都有其特定的生态系统，对应不同的动植物群落。通过培育具有遗传学优势的种群，强调本地物种，由本地物种组成林地、草地、溪流小湖区、湿地等生境结构。植物的自然生境结构形成后，许多昆虫、鸟类和其他动物将会自然地迁入，同时还将由生态学家引进其他物种，从而加快生态功能的形成。随着不断变化的物理环境和气候，动植物的生境将会发生改变，产生多姿多彩的生物群落。随着时间的推移，这些生境之间的边界也会发生缓慢的变化，从而反映出环境中的自然改变。通过设置各种生境类型，会逐渐反映生态环境的这种自然动态性。

将"绿色奥运、科技奥运、人文奥运"三大理念在规划设计中真正贯彻落实，是奥林匹克森林公园的重要规划设计原则。

作为"通向自然的轴线"整体理念的重要组成部分，作为北京市中轴线北向的延伸，作为城市公共森林公园，奥林匹克森林公园的设计理念以建设可持续发展的自然生态系统为最高目标。森林公园切实体现可持续发展战略，体现"绿色奥运"的宗旨，将"生态与绿色理念"作为基本原则全面贯彻到公园规划设计的方方面面，对与营造自然生态系统相关的内容进行了系统综合的规划设计，包括竖向、水系、驳岸、植物、道路、灌溉、照明、节能建筑、绿色资源利用、景观湿地、声环境、市政设施系统等。

在如此巨大规模的城市公园中全面应用各种先进的生态科

南园实景

北园实景

技技术，在中国目前的城市公园建设案例中是绝无仅有的。本着“充分合理应用各种先进技术，因地制宜，节约投资”的原则，森林公园对各生态技术进行了多方面的专项研究，包括生态水处理湿地系统、生态水处理展示温室、雨洪利用、智能化灌溉、湖底防渗、生物多样性系统、生态廊道、雨燕塔、废物资源循环及再利用系统、节能建筑、绿色能源综合利用、消防、交通、照明、声环境、智能化管理等。森林公园对该地区的生态功能价值、景观与文化主题等进行了一整套科学详尽的研究，并制定出一系列指导性原则，明确公园定位，完善功能体系，科学制定施工与管理计划，因地制宜，节约投资，体现“科技奥运”的宗旨。

森林公园秉承中华文明优秀而深厚的传统，以大山水景观格局为独一无二的特色，以地域和场地文化为扎实的根基，形成开阔豁朗的大景观控制体系，兼具中国传统人文审美和现代公园活力，与中华传统人文精神紧密结合，与世界先进文化发展遥相呼应，臻至形神兼备、意境深远、清新自由的精神境界。

森林公园在追求物质与精神文明进步的同时，也追求人与自然的和谐。森林公园不仅服务于奥运，更服务于市民百姓。森林公园是一个充满活力的、市民喜爱的，集体育、文化、艺术、休闲、观光等为一体的多功能公共活动区域，为城市居民提供内容丰富的休闲场所。奥林匹克森林公园是奥运会留给我们的绿色财富。

1 雨燕哺幼

2 自由生活在森林公园内的小动物们

3 “绿色奥运、科技奥运、人文奥运”三大理念技术展示

市民百姓的休闲公园（本页）

第二节 奥林匹克森林公园竖向规划设计

一、中国传统叠山理水艺术

中国传统文化中的思想精华，往往在造园艺术中得到淋漓尽致的表现。中国的传统文化崇尚“天人合一”的思想，因此传统造园艺术的最高境界是“虽由人作，宛自天开”。

中国独特的地理条件和人文背景孕育出的山水观对中国造园产生了重要的影响。在中国传统文化中，山水与人的品格紧密相连，好的山水不仅让人赏心悦目，更能陶冶性情，历代文人墨客常寄情山水之间，追求超脱、与自然协调共生的理想，并创造出流芳百世的山水诗、山水画，正如孔子所言：“仁者乐山，智者乐水”。由此，中国传统造园艺术往往在园林中构架自然的山水，传达与大自然相融相生的美好愿望。中国传统造园艺术的另一重要特点，即以有限的空间表达无限的内涵，强调“一峰则太华千寻，一勺则江湖万里”的造园意境。

总体而言，中国传统园林是按构架山水、模拟仙境、移天缩地和诗情画意等原则营造的，叠山理水艺术是中国传统园林艺术中非常重要的一部分。

中国传统园林艺术中的叠山理水，要想达到“岩壑幽胜，宛若天成，在咫尺园林空间内山无止境，水无尽意，山容水色，绵延不尽，富有天然之趣”的境界，必须掌握山水构成的规律，把握山水的客观形态和特点。只有掌握了山水构成的规律、形态，才能创作出生动感人、典型化的山水。

首先，叠山理水艺术讲究山水结合，相映成趣。这是把自然风景看成一个综合的、生物的生态环境，山是水之体，水是山之灵，山水结合，才能组成一个完整的自然景观。

其次，要求相地合宜，构园得体。山水景物是十分丰富多样的，究竟采用哪些山水地貌组合单元，还必须结合相地选址，从而因地制宜做出得体的安排。

第三，要求主景突出，配景简练。人造山水经“相地”而定假山之体制以后，还必须因地制宜地确定主景和配景的主从关系。布局时必先从园之功能出发结合用地特征确定宾主之位，堆山在处理主次关系的同时还必须结合“三远”的理论来安排。宋代郭熙《林泉高致》说：“山有三远：自山下而仰山巅，谓之高远；自山前而窥山后谓之深远；自近山而望远山谓之平远。”又说：“山近看如此，远数里看又如此，远十数里又如此，每远每异，所谓山形步步移也。山正面如此，侧面又如此，背面又如此，每看每异，所谓山形面面看也。如此是一山而兼数百山之形状，可得不悉乎？”

最后，还需远观有势，近看有质。“势”指山水的形势，也就是山水的轮廓、组合与性格特征。在山水布局中，要先定轮廓而后穿插景物，轮廓是体现形势的重要因素。堆山同时也要综合安排组织地面排水的问题，例如，土山忌讳呈坟包状。这不仅因为它造型呆板，而且没有分水岭和汇水线的自然特征，以致造成地面降水泛流而下，造成大量冲刷，要有山脊和山谷的变化。地面降水以山谷为汇水线，结合谷线开辟山路，加以铺装后，地面径流便可顺势导入园内水体中。“质”，指的是布局合理，细部处理精巧，于平正中出奇巧，宛若天成，这样的山水，才算是成功的山水。

传统山水意境示意图

二、奥林匹克森林公园山水框架建构过程

追寻中国传统叠山理水艺术的足迹，奥林匹克森林公园的竖向规划遵循了以下原则：第一，根据"通向自然的轴线"以及北京市规划委员会和奥林匹克森林公园管委会提出的修改意见进行山形水系的整体塑造；第二，最大限度地保持和利用现有湖渠、微地形起伏等现状地形条件；第三，从环保、经济的角度出发，保证土方就地平衡。

奥林匹克森林公园所属地区原有地势是：西南高，东北低，西南和东北最大高差13.7m，但是因南北跨度近3000m，所以整体地形仍较为平坦。在洼里公园、碧玉公园内部有部分微地形。场地现有水系包括碧玉公园湖面、西北东南走向的清河导流渠以及南北走向的仰山大沟。

奥林匹克森林公园最初入选的设计方案是在北园形成以山为主、以水为辅的格局，南园形成以水为主、以山为辅的格局，并以大型跨越式草板将南北园联系起来，使北京中轴线渐隐在自然山水中。由于主山距离主入口及湖面太远，已无法起到在视线上强烈的统率作用，因此在湖北侧规划了一系列配山与岛屿。

对于450m的湖面进深和近1000m的面阔，设计师设计了41.5m的山体高度，即站在湖南岸保持约1:10的视角，并且根据30°和60°的视域规律设置诸多岛屿。主要景观沿中轴线设计，以不同远近的最佳观赏角度为标准扇形分布。此中近景视角开阔，南园各景点主要围绕主湖设计，北园景点主要为远景效果，突出山体的高远，增加景深效果。其主要设计在景观轴线上。中国传统思想中通常北以山体作为屏障，南为水系，负阴抱阳，形成理想人居景观格局，人造山体中以明清景山压镇最具代表性，可以认为以山体作为中轴线北端点是最为简明和有效的中国模式。

按照上述设计方案，山水塑造将采用挖湖堆山传统手法，开掘大于80hm²的水系，多余土方用于北界屏障的山体塑造，龙形湖体的北界山形陡峭，形成了与水平方向的开阔水面的鲜明对比，连绵的缓坡平滑地过渡到北边更高的小丘处。根据中国自然山水构建的经验，在临近水面处造山将会极大地增加自然山水的景观效果，因此在湖北侧规划了一系列配山与岛屿。以中国传统园林文化中对仙境的追求为蓝本，营造蓬瀛仙山灵岛的氛围，设瀛山、飞羽岛，山中设新型洞文化体验洞群，体验"别有洞天"的景观。

但是，由于具体条件的限制，森林公园建设工程只能配给500万m³土，并且要求土方就地平衡，根据视距学原理和森林公园南高北低的原地形条件，五环路以北堆山成势一定是以巨额土方量为代价的，这使得上述设计方案中在五环路以北堆筑大型土山的构想变得十分虚幻。因此，在综合方案中，主山位置变更为森林公园南半部，主要山形水系被压缩到南半部，主山高约48m，次峰高约28m，这样上述方案的空间精神在现实条件下可以延续。

通过对三个备选方案从透视效果和不同方向人的视觉效果进行最终的景观效果对比，并通过与景山、北海、颐和园三处传统园林的景观山体进行土方分析、山体高度比较以及人视点景观效果分析，为森林公园主山的高度、体积、山势走向提供了重要的参考数据。

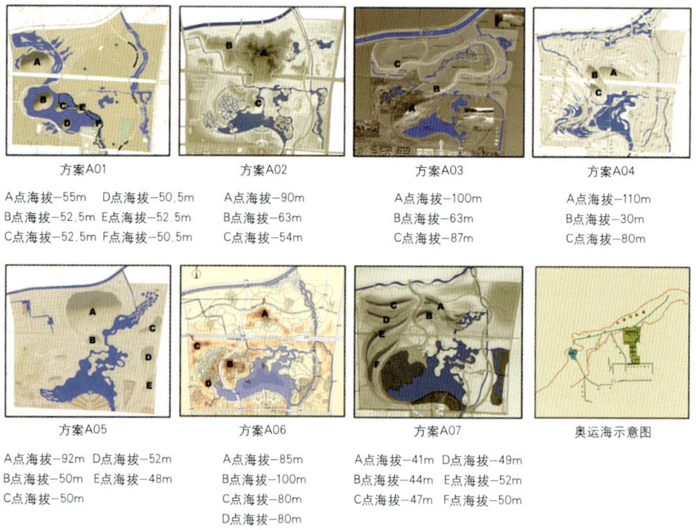

1 7家参赛方案的山形水系比较图
2 500万m³土方的山体效果
3 1000万m³土方的山体效果

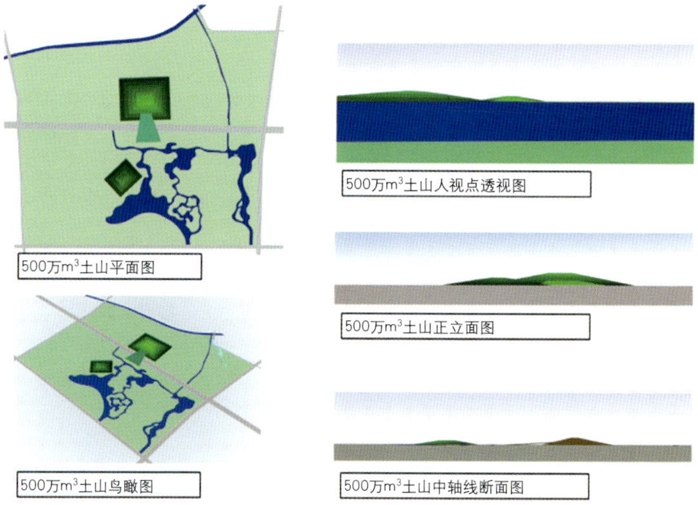

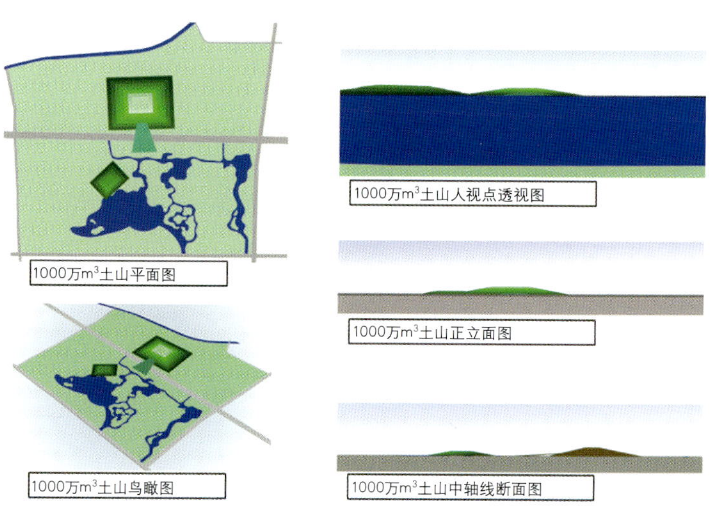

将主山山体从北园移到南园后，根据水系情况模拟了山形的大概方案。

根据新的山水关系，设计师对山形水系进行了调整，以达到更好的景观效果。为保证整个奥林匹克公园的景观融合性，新的山水方案与中心区结合考虑，以实现"通向自然的轴线"这一主题。考虑到主山水在中轴线上的主要景观效果，在主山水结构设计时，对主要景观面进行了效果模拟设计。

根据已有的传统园林人工堆积山体的经验，设计师模拟了奥林匹克森林公园山体的效果，并从山体体积、人视点效果进行了具体的分析比较，形成了方案四。

关于森林公园山形构架，设计师经过反复的推敲，并与中国工程院院士、北京林业大学教授孟兆桢先生进行研讨，最终确定了"左急右缓，左峰层峦逶迤，右翼余脉蜿蜒"的主山山体形式。

经过设计调整，森林公园将在南园辛店村路和北五环之间近1000m的南北距离范围内挖湖堆山，形成主山在后，主湖在前，山水相依的格局，其中，主山恰好位于奥林匹克公园中轴线的尽端，呈"镇山模式"，且与城市西北方向的西山遥相呼应。

主山最高峰海拔高度86.5m，相对高度48m。为弥补主峰南北进深不足，同时丰富山体效果，在主峰西南规划次峰，海拔高度60.2m，相对高度28m。在主峰东南，主湖奥海与洼里公园湖区及碧玉公园湖区相连地段的水面规划一系列小岛，岛上堆山，以丰富水景层次，同时增强山体的连绵感。在主山西南，湿地北侧堆筑高近20m左右的小山，作为主山余脉；安立路西侧亦做微地形处理。最后，以主山仰山为主体的南园山系通过连接南北园的生态廊道跨过北五环路向北园延伸，在北园形成一系列萦回曲折的高约5~10m的低山丘陵，与蜿蜒曲折的带状溪流相映成趣，营造山林气氛。

奥林匹克森林公园在山体设计方案基本确定后，水系设计也具有了相对应的设计方案。水系设计以"因地制宜，生态高效"作为总体原则。具体来说，是通过连接现状水系，整合清河导流渠和仰山大沟，使全园可以统一调蓄，利用雨洪；奥运会前北园的水系只做地形，不做驳岸衬底；森林公园地下埋入高效生态水处理系统，结合地上覆土，种植各种湿地植物，形成湿地景观，确保湖水水质。按照这样的原则，森林公园为了实现"龙形水系"的整体景观意象要求，可以结合场地西南高东北低的地形条件，充分利用现状洼里公园及碧玉公园湖区水系，构筑以主湖为主水面的整体"龙头"水系格局。主湖位于奥林匹克公园中轴线的北端，背依主山，南临森林公园南入口，西北利用现状近10m的高差规划为由层层落水构成的湿地观赏景区，东及东北向分别与碧玉公园水系、洼里公园水系相连，跨过主山与清河导流渠相接，最终形成湖、湿地、河渠等形态多样、景观丰富的水景效果。北园水系引自西北部的清河导流渠，以萦回曲折的溪流和小尺度湖面为主，蜿蜒于山丘之间，最终注入北侧的清河。该水系一方面能够收集雨水，防洪减灾；另一方面则通过湿地、山溪等景观的营造，烘托北园朴野自然的山林气氛。

三个备选方案的土山体量分析比较

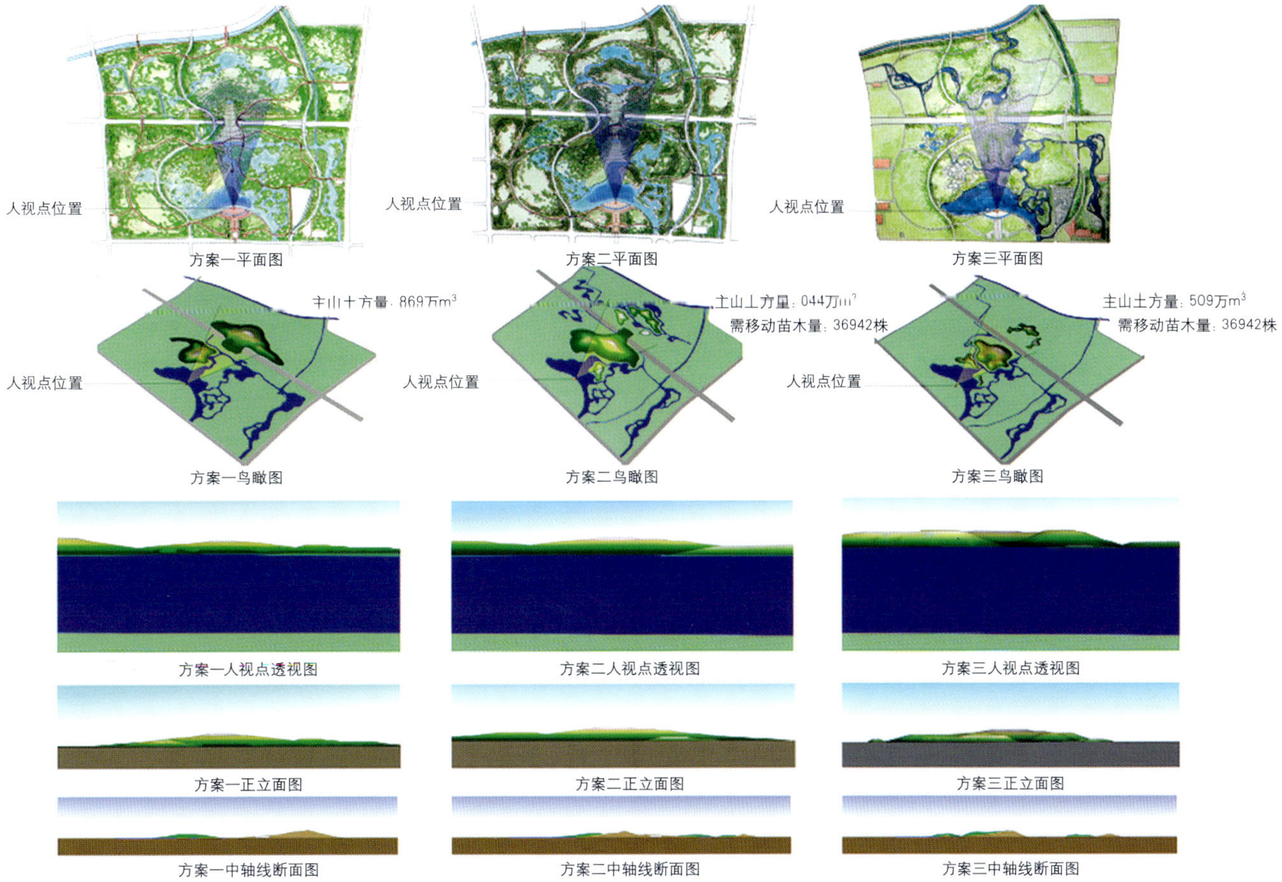

方案一平面图　方案二平面图　方案三平面图

方案一鸟瞰图　方案二鸟瞰图　方案三鸟瞰图

方案一人视点透视图　方案二人视点透视图　方案三人视点透视图

方案一正立面图　方案二正立面图　方案三正立面图

方案一中轴线断面图　方案二中轴线断面图　方案三中轴线断面图

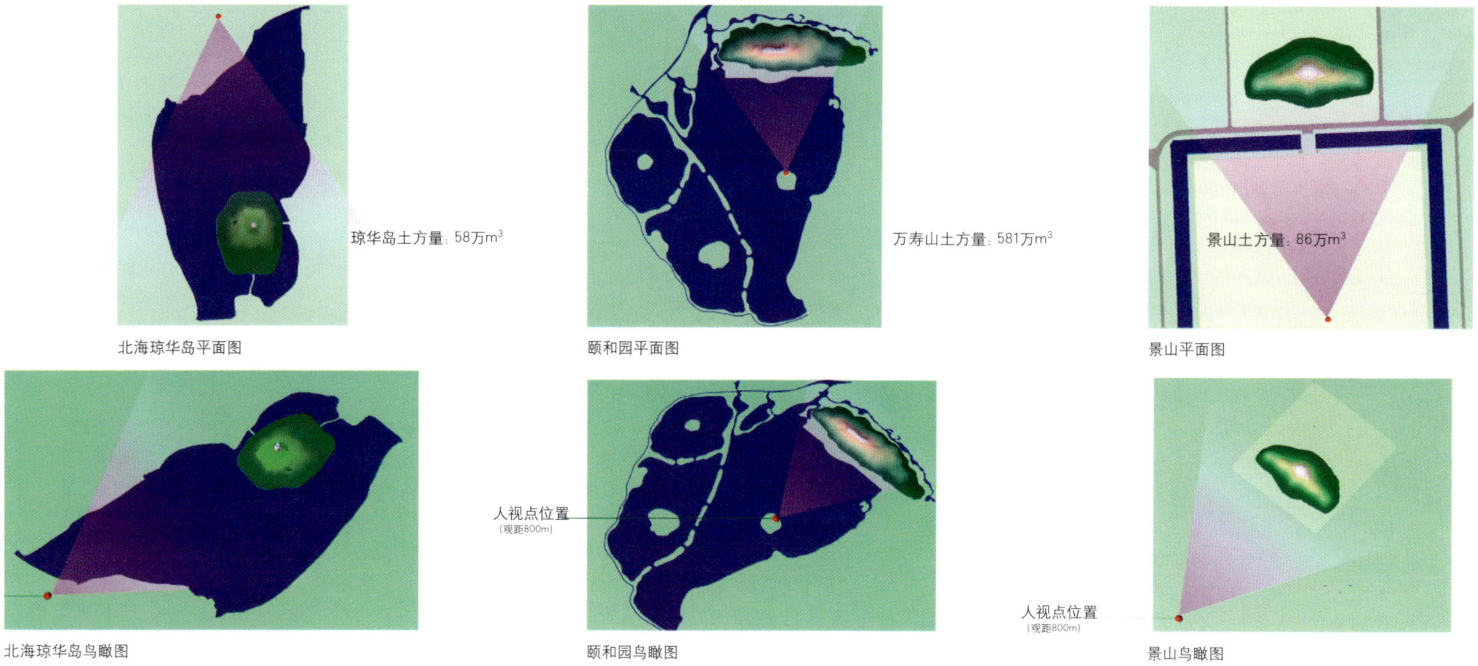

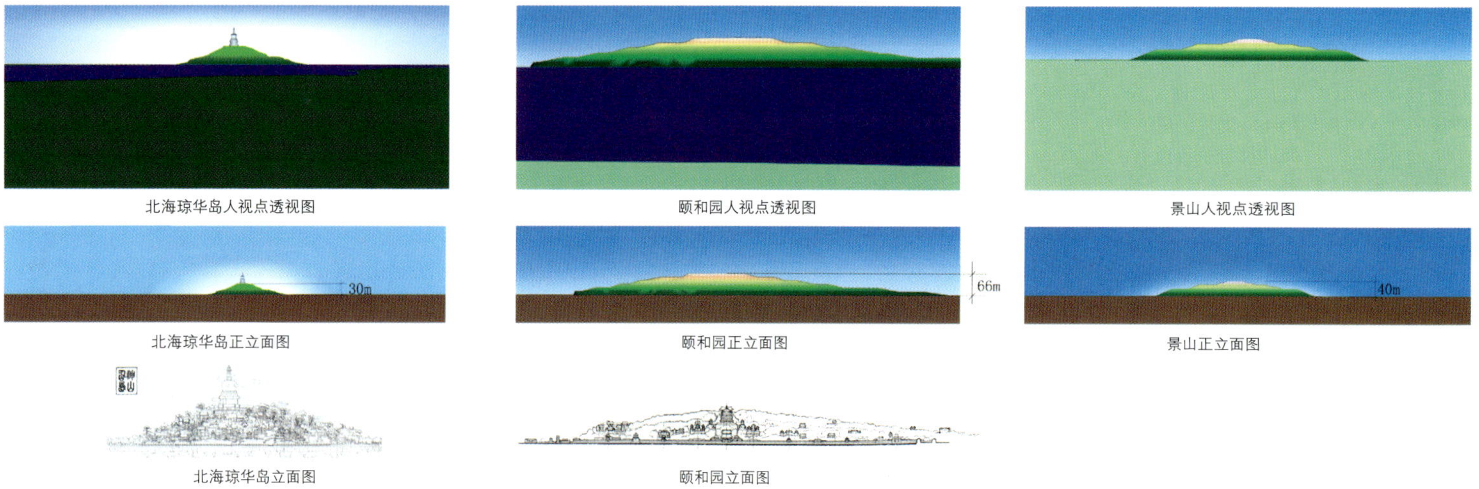

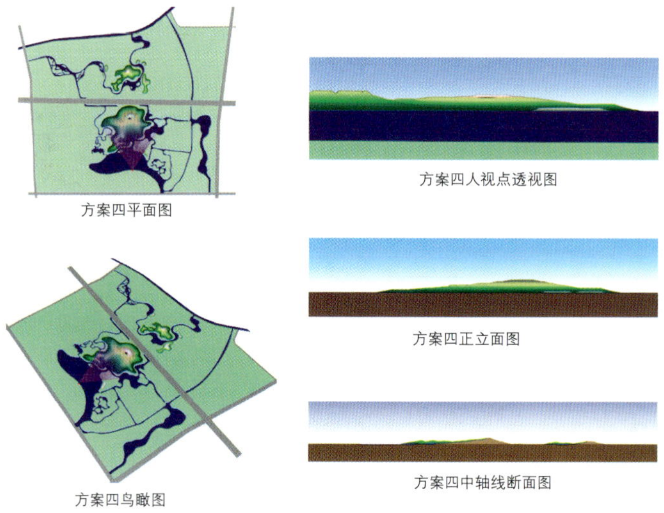

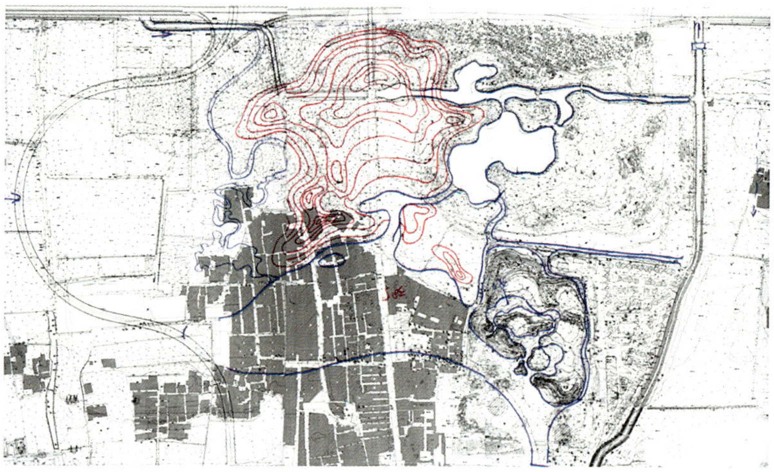

| 1 |
| 2 |
| 3 \| 4 |

1 森林公园与北海、颐和园、景山山体土方对比图
2 北海、颐和园、景山山体高度对比图
3 方案四的山体体量分析比较
4 主山移至五环路以南的第一轮草图

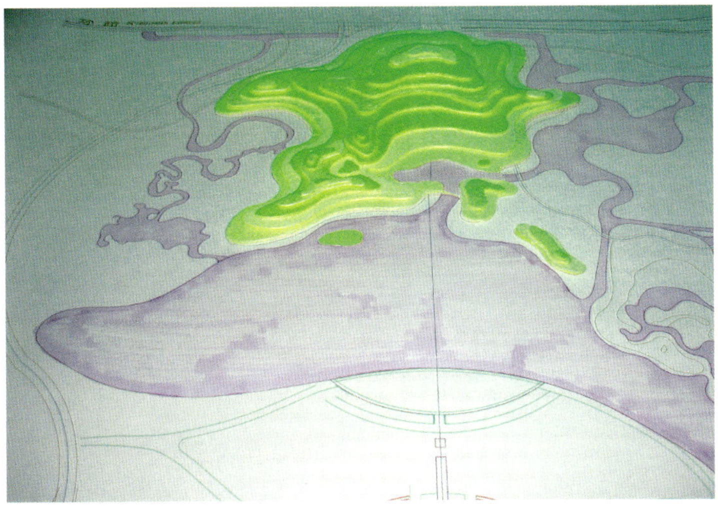

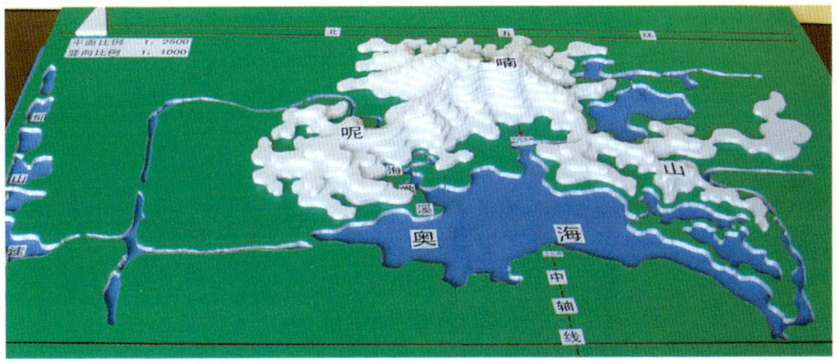

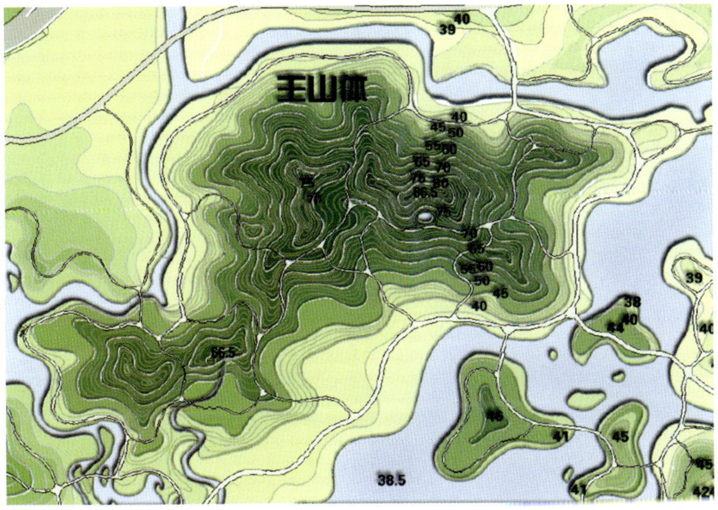

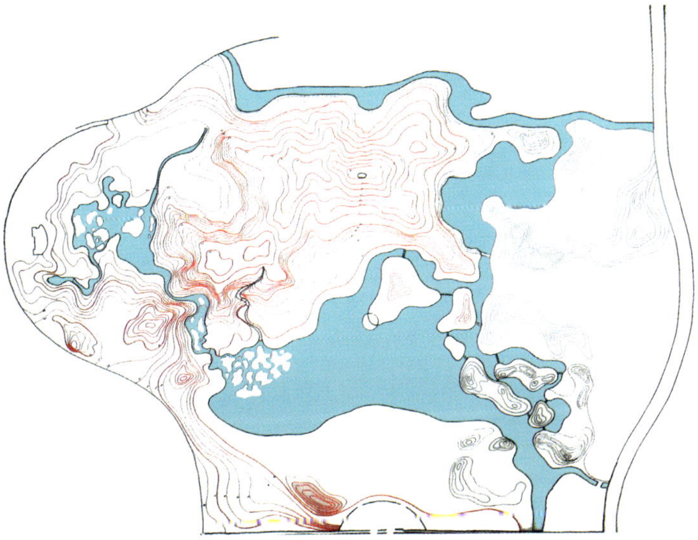

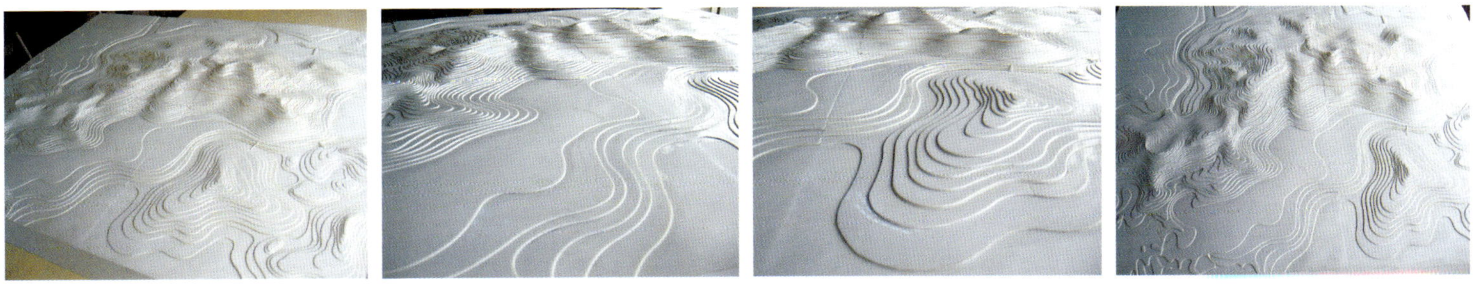

1	2
3	4
5	6
7	

1 方案四的山体模型
2 方案四的山水结构研究方案
3 山水设计意向草图
4 孟兆桢院士所做的模型照片
5 根据孟兆桢院士的意见调整后的主山竖向设计平面图
6 2005年8月与孟兆桢院士研讨方案后确定的主山竖向设计草图
7 主山模型图片

逶迤蜿蜒的主山山脉

“龙形水系”之“龙头”——主湖

从南入口看主山水

岛景

1 2 南园湿地观赏景区
3 湿地区的叠水花台

主湖滩涂区

三、奥林匹克森林公园最终山水方案

奥林匹克森林公园山形水系方案最终确定为"负阴抱阳，山环水抱"的形式。主山与主湖在保证龙形水系的基础上，与现场水系相结合。水随山转，山随水止，自然融合。

最终的山水方案强调山和水的组合， 真的自然山水就是以山水为骨架的自然综合体，亦即石涛《画语录》所谓"得乾坤之理者，山川之质也。"山水之间又是相互依存和相得益彰的，水得地而流，地得水而柔。清笪重光《画筌》里也说"山脉之通按其水境，水道之达理其山形"。经过对颐和园、北海等传统园林山体的研究，森林公园的山水组合最终定为"山环水抱、起伏连绵、负阴抱阳、左急右缓，左峰层峦逶迤、仰止西山晴旅，右翼余脉蜿蜒、环顾龙湖胜景"的模式。奥林匹克森林公园以主山为骨骼，以贯穿全园的水系为血脉，以天境等建筑为眼睛，以道路为经络，以树木花草为毛发，构架了一个山因水活，水随山转，步移景异的自然园林。

《园冶》说："未山先麓，自然地势之嶙嶒。"这揭示了自然山势和人工造山特别是土山在坡度方面变化规律之间的关系，假山应像真山那样，从缓到陡，具有山麓、山腰和山头的变化。不应只顾一味追求山的高度和主峰的处理而忽略了山之底盘面阔、进深和山高之间的比例关系。否则不仅不自然，还会影响土山的稳定性。笪重光《画筌》说："山巍脚远，土石交覆以增其高，支拢勾连以成其阔"，这反映了相同的认识。森林公园山形"有高有凹，有曲有深，有峻而悬，有平而坦，自成天然之趣"，正是基于对中国叠山艺术的深入理解。山体讲究"峰峦洞壑，绵延成脉，远观有势，近看有质，石无定形，山有定法"。主山坐落在中轴线上，与主湖环抱，多以远观为主。主山山体设计绵延磅礴，以势取胜。从南侧地铁出入口向北望去，主山山峰高低错落，脉络相连，左急右缓似有动势。主湖映于山前使主山山势更加磅礴，山形更添秀丽。"山无水泉则不活"，主山山峰成对峙之势，两峰间自成幽谷，树影婆娑、一溪山泉蜿蜒其间，"林泉高致"由此得名。主山东侧与现场原有的洼里公园水体相接。依水形造山势，依山势转水流，以真水衬假山，沿水流南下，湖中有小岛顺山势而成，从而将山体脉络延续，使得山形水系真假难辨，"虽由人作，宛自天开。"

从主轴画面上看，北侧是高耸的主山，得高远之"势"；南侧是开阔的主湖水面，得深远之"意"；圆形平台四周波光潋滟，人声悠远，空气中弥漫着温和的水气，游人站在平台上犹如置身在一幅山水画卷中心，得平远之"景"。此情境深含画意。而总体格局以山水为独一无二特色，中轴景观以简练、浑厚、质朴、清雅为设计主旨，形成开阔豁朗的符合中国文化气质的大景观控制体系，兼具中国传统人文审美和现代公园活力，与中华传统人文精神紧密结合，臻至形神兼备、意境深远、清新自由的精神境界，将成为具有文化与历史代表性的人文景观。

1 主山竖向设计平面图
2 3 4 林泉高致模型照片
5 站在主山顶环望公园

从东侧遥望主山山体

开阔的主湖水面

主湖中的圆形平台

第三节 奥林匹克森林公园水系规划设计

一、奥林匹克森林公园水系格局规划

奥林匹克森林公园内的水面面积共67.7hm^2。南园主湖水面积20.3hm^2；全园湿地水面积5.71hm^2，其中南园湿地面积4.15hm^2，北园湿地面积1.56hm^2；全园市政河道面积25hm^2，主要包括清河导流渠、仰山大沟等；公园其他规划水面积16.69hm^2，包括现状洼里公园湖水面积5.2hm^2，现状碧玉公园湖水面积1.3hm^{2}等。

森林公园的规划基址北边界为清河，清河导流渠自西北向东南穿过园区，仰山大沟在公园东部近南北向分布。清河导流渠与仰山大沟均为森林公园内承担城市水利功能的河道，其中，清河导流渠既是清河向北小河供水的途径，又与仰山大沟一起承担雨洪排放通道的功能，城市雨洪经过仰山大沟和清河导流渠向北排入清河。

奥林匹克森林公园南园结合场地西南高、东北低的地形条件，充分利用现状洼里公园及碧玉公园湖区水系，构筑以主湖奥海为主水面的"龙首"水系格局，在平面上完善"龙形水系"的整体景观意象。

主湖奥海背依仰山，南临南主入口，西北利用现状近10m的高差建设为由层层落水构成的湿地观赏景区，东及东北向分别与碧玉公园水系、洼里公园水系相连，跨过主山与清河导流渠相接，最终形成湖泊、河道、溪流、瀑布、人工湿地、叠水花台、喷泉等形式多样、景观丰富的水景。

根据场地现状及公园所在城市区域水利的整体要求，规划湿地区水位为41.5m，主湖水位为38.5m，洼里公园湖区水位为37.35m，清河导流渠主山北侧段水位为37.25m。清河导流渠在主山北侧渠段根据主山形态局部做了调整，以营造古朴天然的景观效果，水位为37.25m。导流渠采用复式梯形断面渠道结合漫水湿地的形式，向南通过暗沟与北小河水系相联系。

北园水系引自西北部的清河导流渠，以萦回曲折的溪流和小尺度湖面为主，蜿蜒于山丘之间，最终注入北侧的清河。该水系一方面能够收集雨水，防洪减灾；另一方面则通过湿地、山溪等景观的营造，烘托北园自然野趣的山林气氛。根据现状地形水位分两段变化，其中，北辰西路西侧水位为37.15m，北辰西路东侧水位为36.0m。

全园水系规划图

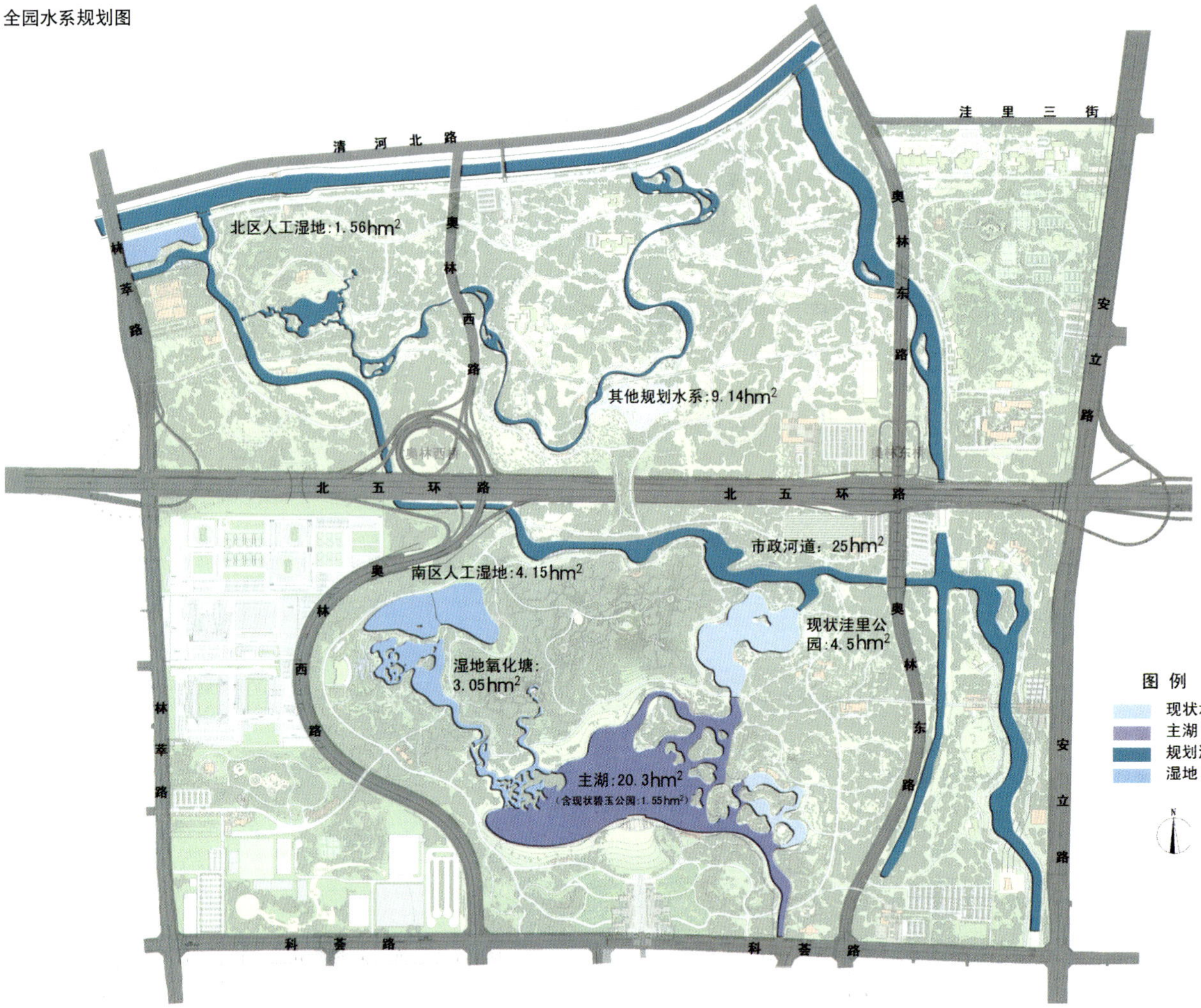

1	2
3	4

1 初夏的主湖
2 夜幕下的主湖一角
3 4 人工湿地秋景

1	2
3	4

1 人工湿地夏景
2 湿地中的叠水花台
3 主山脚下的溪流
4 碧玉公园湖区

洼里公园湖区

清河导流渠主山北侧段

二、奥林匹克森林公园水文水质模型

森林公园水系在设计之初，已经确定采用清河污水处理厂处理的再生水作为主要补水水源，但是为了保障全园水系水质的长期稳定，设计师首先对森林公园水系设计进行了水系模拟和水系统维护设计，以便在总体上制定保障公园水系统水量和水质稳定的技术方案，为公园水系水环境的维护提供强有力的技术保障。

森林公园水系模拟和水系统维护设计的总体原则：通过水系统的集成模拟和复合生态湿地系统的设计，将森林公园建成一个水体循环净化、雨水收集、再生水利用、水污染治理和水资源保护的综合示范工程，为北京市水系统的维护和各种城市水处理维护系统的设计提供一个样板。

为实现森林公园水系模拟和水系统维护设计可以顺利进行，设计师们又确定了以下具体设计原则：

• 亲近自然：根据公园的特点，选择自然的、生态化的、高效复合的技术，尽量避免采用工程痕迹明显的技术，避免使用过多的机械设备和装置，为人们提供一个感受自然的场所。

• 经济适用：在确保公园水系统安全、有效运行的基础上，选择占地面积小、运行成本低、建设投资少的方案，减轻奥运会后森林公园水系统维护的经济负担，避免盲目追求高、精、尖。

• 环境安全：通过科学的水质模拟和系统设计，确保不利情况下森林公园水系统的环境安全，确保整套系统的建设和运行不对周围景观或环境产生不良影响，并提出有效的应急和保障措施。

• 景观优美：在选择生态化技术的同时，根据公园整体景观特点，建设既能实现水质维护目标，又能改善公园景观生态的设计方案，实现水维护系统与公园整体景观的和谐统一。

• 以人为本：结合公园水系的流动特征，根据景点设置和游人参观顺序，选择合理的地点布置生态湿地和水系维护设施，减少动力消耗，同时有利于人们的参观游览。

为了更好地反映公园的水系特征和水环境特征，预测水质的时空变化，设计师根据公园水系的特点，结合国内外模型的新进展，首先建立了二维水质——水动力学模型，以模拟不同维护方案中水量与污染物质浓度的变化情况。

在模型选择时综合考虑模型的实用程度、数据可获取性和模型先进性，最终确定的模型为：水动力学采用EFDC模型，水质采用WASP模型。将EFDC和WASP进行耦合，搭建了本方案设计使用的二维水动力学——水质模型。

EFDC (The Environmental Fluid Dynamics Code) 是威廉玛丽大学 (VIMS，Virginia Institute of Marine Science at the College of William and Mary) John Hamrick教授开发的三维地表水模型，是美国国家环保局 (USEPA) 推荐的三维地表水水动力模型，

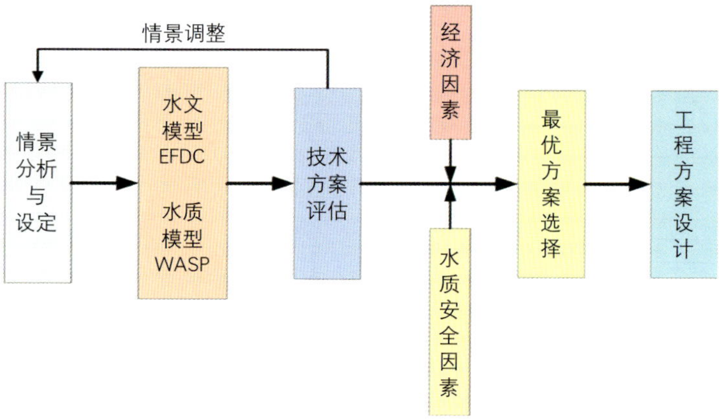

水质模拟与技术方案选择技术路线

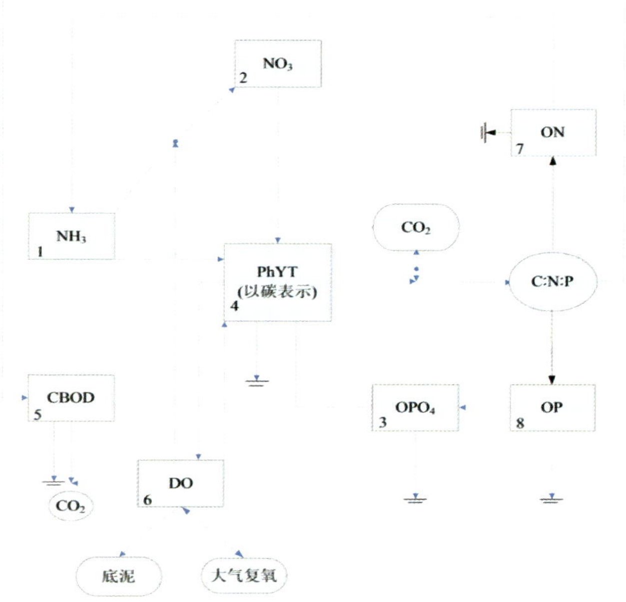

水质模拟反应动力学关系图

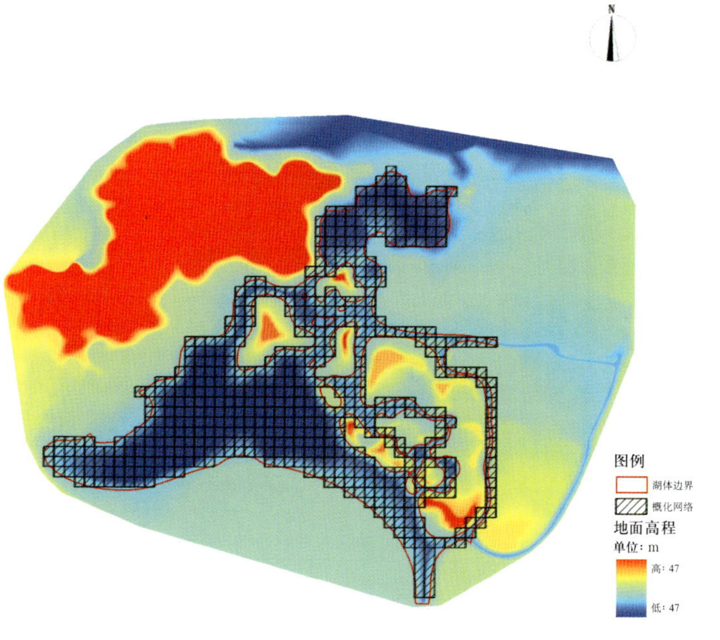

南园湖体高程及网格概化图

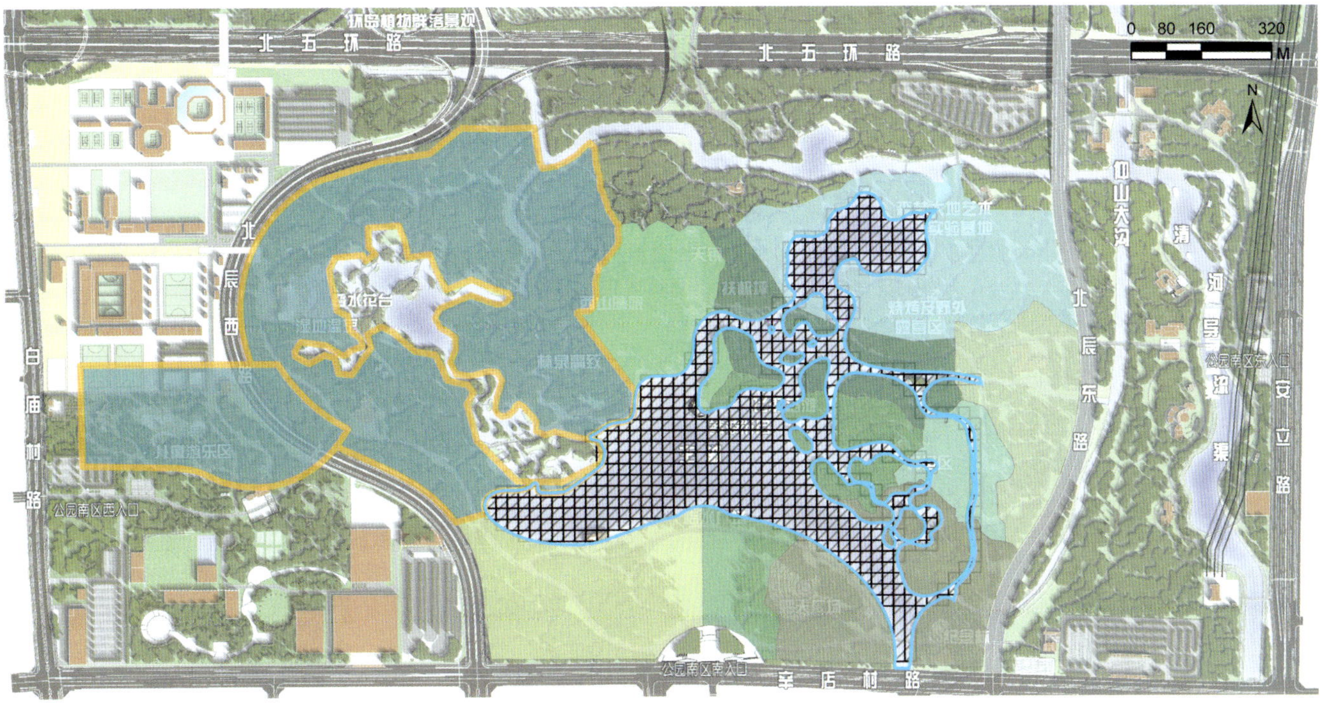

南园主湖汇水流域分布图

可实现河流、湖泊、水库、湿地系统、河口和海洋等水体的水动力学和水质模拟，是一个多参数有限差分模型。EFDC模型在水平曲线正交网格、垂向S拉伸网格上求解静水力学、湍流平均方程。模型采用Mellor–Yamada 2.5 阶紊流闭合方程。根据需要可以分别进行一维、二维和三维计算。

WASP模型是美国国家环保局开发的水质模型，它的EUTRO模块适合模拟以富营养化为主要水质问题的湖泊、水库、河湾等。EUTRO模块常被用于模拟分析传统的污染物行为，包括DO、BOD_5、营养物质和浮游植物等因子。这些变量构成了4个相互作用的系统：浮游生物动态变化、磷循环、氮循环和溶解氧平衡。

考虑到公园水系的规划水深较浅的特点，以及日后面临的主要水质问题是水体藻类生长和富营养化，本次模拟在水动力学计算中，利用EFDC的二维计算功能，采用WASP模型的EUTRO模块进行水质计算。

要使用水文水质模型进行模拟计算，就需要对规划水系进行空间概化和边界条件的界定。根据湖体的几何形状和湖底的高程，并考虑水系的面积、连接关系、水文特征等具体情况，将主湖网格划为556个单元格。鉴于公园水系为浅水水系，垂直方向不再分层。

根据湖体周边的规划地形和人为分界线（如道路、河道等），利用GIS分析工具划分和识别湖体的自然汇水区，并进行水体的水量平衡计算，平衡关系式可表示为：$W=Q_g+Q_r+q_1-q_2-q_3$。式中：W——年需水量；Q_g——主湖内绿地的需水量；Q_r——湖底渗透量；q_1——蒸发水量；q_2——水面降水量；q_3——地表径流量。

通过选择适合公园水系的各个参数，进行计算得到水量平衡计算表。

主湖水量平衡计算表（单位：万m^3）

月份	蒸发量	绿地供水量	主湖渗透量	地表径流量	水面降水量	需水量
1	1.4	0.0	0.5	0.1	0.1	1.7
2	1.7	0.0	0.5	0.2	0.2	1.8
3	3.4	5.0	0.5	0.4	0.3	8.2
4	5.8	5.0	0.5	0.9	0.7	9.8
5	7.2	5.0	0.5	1.5	1.1	10.2
6	6.8	5.8	0.5	3.4	2.5	4.9
7	4.9	6.2	0.5	8.1	5.8	0.0
8	4.1	6.2	0.5	7.0	5.0	0.0
9	3.8	5.8	0.5	2.0	1.4	5.5
10	3.1	5.0	0.5	1.0	0.7	7.0
11	1.9	5.0	0.5	0.3	0.2	6.9
12	1.3	0.0	0.5	0.1	0.1	1.6
合计	45.4	49.0	6.0	25.0	18.1	57.6

通过初步分析得到，如果利用再生水直接进行补水，主湖水质指标将迅速恶化，主湖将面临藻类大量繁殖、水体产生恶臭气味、水体发生富营养化的危险。

因此，需要一定的工程措施来净化水体，其中可行措施包括：对再生水进行深度处理、提高进入湖体的再生水水质、湖内水体再经过湿地循环净化、严格控制面源污染进入湖内、提高湖体自净能力等。考虑到技术的可行性、实施的难易程度以及维护费用等因素，首先考虑通过复合湿地系统的构建提高湿地的去除效率，优化入湖水质，并对湖内的水体进行循环净化，调整循环水量进行方案的模拟。

通过对4个情景进行模拟，对再生水中超标比较严重的总氮指标进行了比较，得出如下结论：

情景名称	情景描述
深度处理再生水补水	使用深度处理的再生水补充湖水
再生水补水+不循环	再生水经过复合湿地系统处理后补充湖水
再生水补水+每月20天循环	再生水经过复合湿地系统处理后补充湖水 每月20天进行湖水循环，循环水量为1万m^3/d
再生水补水+每月30天循环	再生水经过复合湿地系统处理后补充湖水 每月30天进行湖水循环，循环水量为1万m^3/d

• 如果使用深度处理的再生水补水，总体水质处于比较好的水平，但是由于雨季有暴雨径流的输入，湖水的总氮、总磷浓度有每年逐渐升高的趋势；

• 正常年份，通过循环量的调节，得出当3~11月每月循环30天，每天循环湖水1万m^3时，每年通过地表径流和天然降雨进入湖内的总氮、总磷等污染物将基本被湿地系统去除，湖内的总氮、总磷浓度保持在比较稳定的水平。

经过多次的情景调整和模拟计算，得到的推荐情景为再生水经过多级湿地处理补水并在3~11月进行1万m^3/d的湖水循环处理，该情景有以下几点结论：

• 在当前模拟条件下，湖水水质指标处在Ⅲ~Ⅳ类水平；

• 水体循环净化处理对水质改善有积极的作用，特别是去除由于地表径流进入湖体的营养物质；

• 在雨季，由于周边径流的影响，局部地区的水质会有一定的波动变化；

• 叶绿素浓度处在中营养水平，不易发生富营养化。

另外，在模拟过程中还发现在湖体中存在一些水质的"死区"，特别是暴雨径流入水口。

在这些地方需要采取一定的工程措施，以防止局部地区的水质恶化。同时也可以考虑将灌溉取水口尽量设置在这些位置，以加速该区域的水体交换，防止水质的局部恶化。

根据模拟结果，选择推荐情景进行工程设计，根据方案设计条件，结合实际的地形和景观的需要，设计维护方案的处理工艺。

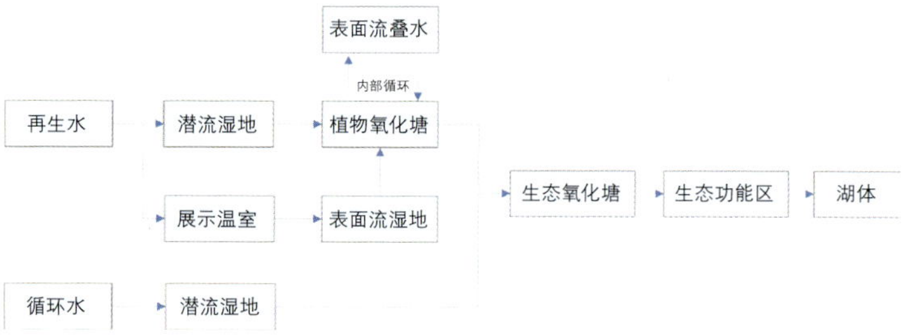

南园水系维护方案处理工艺流程

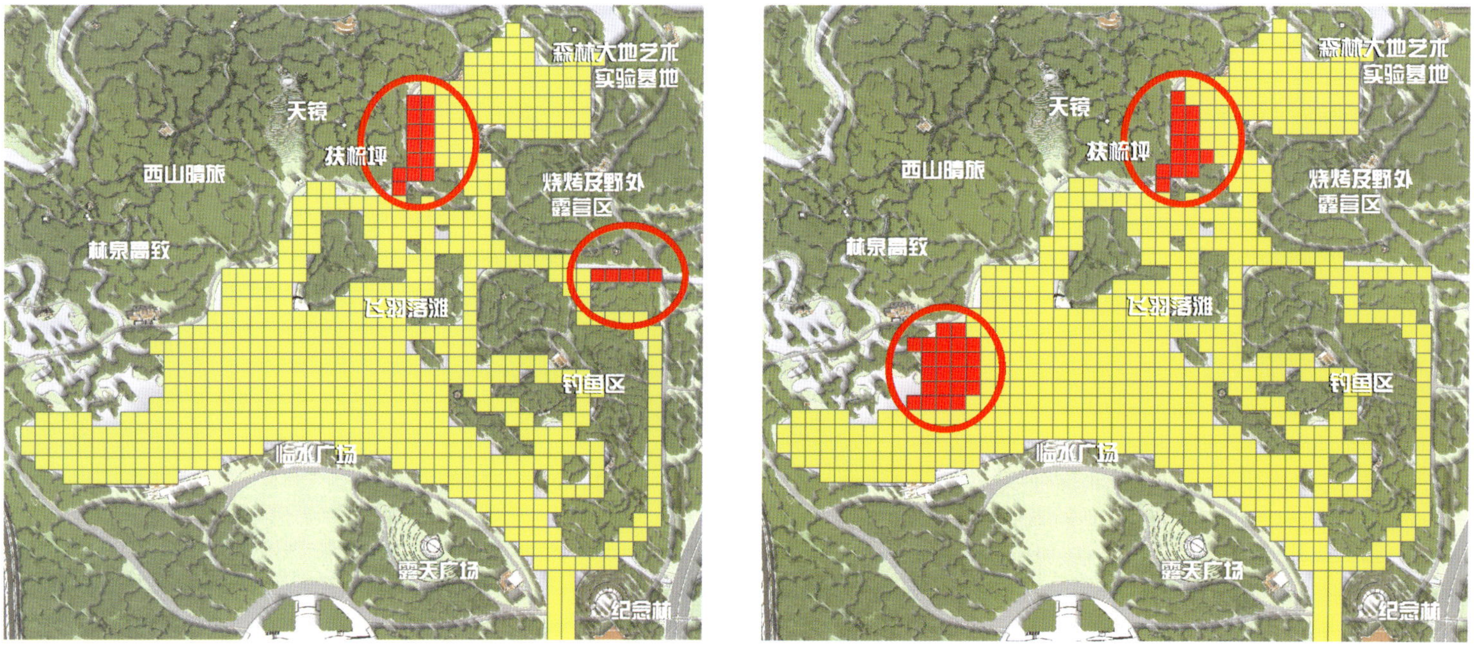

水质"死区"示意图

清河再生水厂的再生水通过市政管道到达主湖后，部分再生水（600m³/d）进入生态水处理展示温室，利用多种水处理技术进行综合处理，之后进入表面流湿地；另外一部分再生水（2600m³/d）进入潜流湿地进行处理，然后进入植物氧化塘。在植物氧化塘和叠水花台之间建立内部循环系统，从植物氧化塘中提升部分水进入叠水花台，以达到景观效果，同时起到一部分净化水体的作用。

循环水通过提升泵站首先进入潜流湿地进行处理，然后与植物氧化塘的出水共同进入生态氧化塘，最后通过生物功能区进入湖体。循环水量根据主湖水质的实际情况在1万~2万m³/d进行调节。

通过以上设计构建的复合水处理系统是维护主湖水系的一个重要环节，但从根本上讲，还需要构建湖体内部的多种生态群落和复杂生态系统，以提高湖体的自净能力，提高湖体本身对水质的稳定和缓冲能力，才能从本质上保障主湖水系的水质能维持在一个比较好的水平。

根据湖体的水深、基底等环境条件，在湖边种植不同的植物群落，通过不同的植物群落构建一个复杂的生态系统，利用植物的吸收稳定水质、去除水中的污染物质和营养物质，从而达到净化和稳定水质的效果，最终保障湖体水系的安全。

运用水文水质模型可以动态地展现不同规划情景下森林公园水系水质的变化规律，有利于进行不同规划情景的比较，有利于科学合理地选择和制定水体水质维护方案。

在本设计中，综合利用GIS技术、水动力学和水质模拟技术，建立了森林公园水系的水质保障方案评价模型，通过规划情景制定和模型模拟计算进行了方案的技术可行性分析和筛选，确定了水体水质保障的推荐方案。同时利用复合湿地处理系统，构建了景观与功能完美结合的复合生态系统，达到保障森林公园水系水质稳定的要求。

湖滨植物群落构建模式

植物群落	环境条件	群落构成	
		建群种	伴生种
群落一	静水湖泡，基底为泥底，水深达100~150cm	穗状狐尾藻（*Myriophy spicatum*） 龙须眼子菜（*Potamogeton pectinatus*）	狭叶香蒲（*Typha angustifolia*） 睡莲（*Nymphaea tetragona*） 浮萍（*Lemna minor*） 龙须眼子菜（*Potamogeton pectinatus*）
群落二	开阔静水水体，水深1m以上	荇菜（*Nymphoides peltatum*）	两栖蓼（*Pulygonum amphibium*） 睡莲（*Nymphaea tetragona*） 小慈菇（*Sagittaria natans*）
群落三	水深70~120cm	狭叶香蒲（*Typha angustifolia*） 芦苇（*Phragmites australis*）	槐叶萍（*Salvinia natans*） 狐尾藻（*Myriophyllum verticillatum*） 茨藻（*Najas marina*）
群落四	开阔静水水体中 水深100~200cm	菰（*Zizania caduciflora*） 香蒲（*Typha orientalis*）	荆三棱(*Scirpus fluviatilis*) 萍蓬草（*Nuphar pumilum*） 紫萍（*Spirodela polyrrhiza*） 小茨藻（*Najas minor*）
芦苇群落	水深在20cm以上	芦苇（*Phragmites australis*）	黑三棱(*Rhizoma scirpi*) 香蒲（*Typha orientalis*） 水葱（*Schoenoplectus tabernaemontani*） 槐叶萍（*Salvinia natans*）
水葱群落	水位稍浅 水深约50cm	水葱（*Schoenoplectus tabernaemontani*）	香蒲（*Typha orientalis*） 绿萍（*Azolla imbricata*）
荆三棱群落	水位较浅，靠近岸边	荆三棱(*Scirpus fluviatilis*)	芦苇（*Phragmites australis*） 香蒲（*Typha orientalis*）

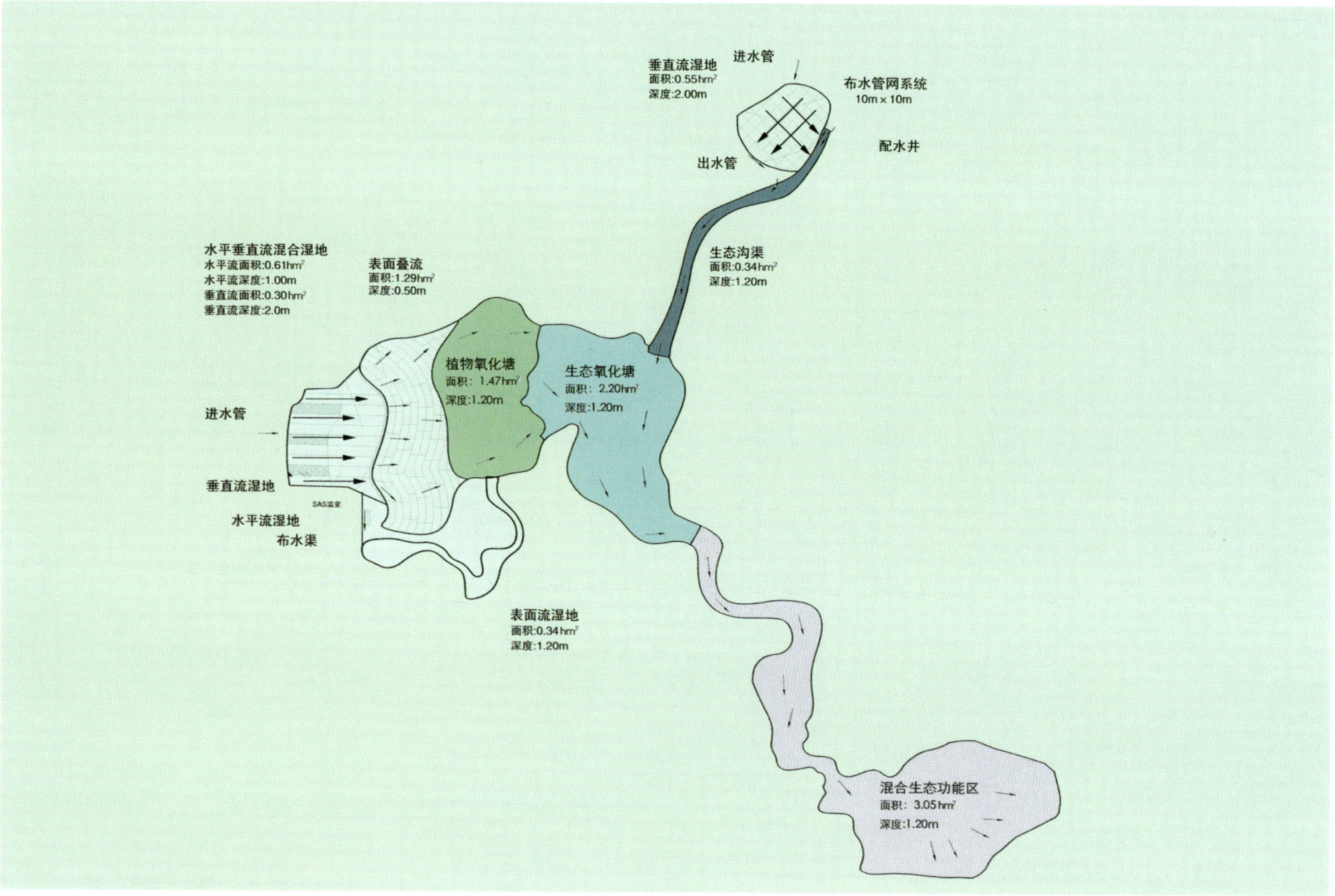

1	3
2	4

1 南园湿地系统总平面图
2 3 4 湖滨植物群落

公园中清澈的水体(本页和对面页)

三、生态水处理湿地系统

湿地作为在整个奥林匹克森林公园水系统中惟一具有净化水质功能的水体系统，在园内的水循环系统中有着举足轻重的作用。

潜流湿地系统主要用来进行再生水净化，从清河污水处理厂处理的含有大量微生物与氮、磷、氨等化学元素的再生水是森林公园水系统的主要补水水源，潜流湿地的作用就是过滤再生水中无法通过土壤过滤的有害物质，并利用土壤中的某些物质与水中的部分化学元素结合，将那些有害元素从水中分离出来。

湿地区域另一组成部分表面流湿地的主要作用为通过曝气，将再生水中的氮、氨等化学元素与空气中的氧气等气体化合，成为大气中对人体无害的气体，从水中释放出来，降低有害化学元素的含量。在这一区域种植大量有净化水体功能的水生植物与湿地植物，通过植物的根系或植物分泌的液体对水体进行净化，同时还可以美化水体环境，营造特殊的湿地景观。

湿地不仅能净化湖水和雨水，还将为很多动物提供栖息和觅食的场地，为很多昆虫提供生物环境。这些昆虫将是这个湖区内鸟类和鱼的食物。湿地植物为在水中生存的生物提供食物来源，从而帮助构建平衡、稳定的湿地生物系统。湿地将帮助本地生物繁衍，以增加水岸线及周边地区的生物品种。

功能与景观相结合的生态水处理湿地系统（本页）

湿地是鸟类栖息和觅食最佳的选择

四、全园水循环系统

北京属于暖温带半湿润季风大陆性气候，在一年的大部分时间里处于降水少、气候干燥的环境中，比起许多国际大都市，北京是个缺水的城市。在这样一个水资源相对匮乏的区域，建设如此大的人工水面积，并且还要让整个公园水体自己可以运转起来，是整个奥林匹克森林公园水系规划设计所面临的最大技术问题。

（一）水循环系统

与公园南北园两个湿地系统相对应，在水系设计中设计了两套水循环系统。

·清河导流渠—北小河供水系统：

在清河导流渠流经森林公园的地段，关闭2号闸、3号闸、5号闸及仰山大沟上的4号闸，打开6号闸、7号闸，即可以直接将清河导流渠的水导入森林公园南侧的北小河，向城市供水。

·清河导流渠—仰山大沟—清河泄洪系统：

打开4号闸、6号闸、7号闸，关闭3号闸、5号闸，即可将来自南侧城市的洪水沿清河导流渠向北排入仰山大沟，最终排入北侧的清河，完成城市局部区域的泄洪。

通过这两套水循环系统，整个森林公园水系可以实现在旱季为城市补水，在雨季为城市泄洪的作用。通过湿地的净化作用，森林公园的水系将成为北京最大的再生水净化自然水系。这一水系的形成，一定程度上解决了北京干旱无水补、下雨留不住的局面。

（二）补水系统

虽然有了完善的水循环系统，但北京毕竟是个气候干燥、水体蒸发量大的城市，为保证主湖整个水循环系统的正常运转，在水系设计中特别考虑了两种补水系统方案：一是市政中水补水，即就近通过市政中水管道补水；二是河流取水补水。

就目前而言，公园北侧的清河和南侧的北小河中的水质指标超标比较严重，水质无法得到保障，从河中直接取水作为补水水源比较困难。但河流经过治理，改善违规排污的情况后，清河或北小河中的水质将有可能达到中水的水质标准，北园水系补水就可以从清河取水。根据清河常水位和北园潜流湿地所在的地面标高，需要利用泵站将河水提升7m到潜流湿地进行补水，同时潜流湿地对水体也具备一些过滤、净化作用，从而保证进入园区内补水的河水水质；而南园水系距离河道较远，工程费用高，不考虑采用河水补水的方式。南园水系仍然需要利用市政管道提供的中水进行清洁、净化后进行补水。

（三） 水循环方式

考虑到北京水资源本身比较匮乏，森林公园内部的水系统将采取全园循环方案，以降低整个水系统对水资源的消耗。考虑到非汛期与汛期森林公园内部及其周围环境水系的情况不同，在水系循环设计中根据不同时期设计了不同的循环方式。

1. 在非汛期，清河导流渠和仰山大沟上游没有来水，为了更好地营造公园的水环境，将采取大循环方案：北园通过市政管道提供的中水进行补水；南园利用本身水系统通过泵站实现自身水系统内部循环。利用市政提供中水以及北园通过暗管补充过来的水量补充蒸发水量。在此循环中，湿地区域可以净化循环水和市政提供的中水。

2. 在汛期（每年6月1日~9月15日），由于清河导流渠和仰山大沟将承担奥林匹克中心区的地表径流排除功能，河流断面瞬间流量大，河道用水量基本可以得到保障。但由于城市非点源的影响，水质波动较大，而公园水系功能定位较高，要求水质能得到持续有效的保障。因此，为了公园水系的水质安全，采用小循环方案运行，形成南北两个独立的小循环系统。远期清河水质达到景观水质要求时，将采用南北园大循环方式。

1	1 非汛期水循环方案
2	2 汛期水循环方案
3	3 远期水循环方案

（四）退水方案

森林公园作为一处集中的大型绿地，其本身（大面积的绿地和湖面）具有较强的水源涵养功能，能吸纳一定量的降水。此外，通过地形塑造、地下渗水系统的设计等景观措施又可有效提高公园排除和吸纳洪水的能力，实现公园水系统的自我调节。尽管如此，在北京多雨的夏季，集中降水很容易引起局部水位超标，造成轻微洪涝灾害。为防止特大暴雨或山洪暴发期降水量超出公园水系统的承载能力或方便公园水系清理时期排水之需，在奥林匹克森林公园水系设计中，充分考虑了全园需退水时所用的方案，为有效地达到控制水位的目的，退水方案共有两套：

1. 清河退水线路

将水流导入森林公园北侧的清河。其中，北园水系退水方案为：首先关闭1号闸、2号闸，截断清河导流渠水源，让洪水沿水系自然导入清河；南园水系退水方案为：打开3号闸、4号闸、5号闸，让主湖、湿地、洼里公园、碧玉公园等区域的洪水顺着自然地势或清河导流渠导入仰山大沟，再沿仰山大沟导入北部的清河。

2. 北小河退水线路

将南园水流导入森林公园东南侧的北小河，北园水流排放则仍然自西向东，再向北导入清河。南园退水方案为：关闭北园的1号闸、2号闸及仰山大沟上的4号闸，打开3号闸、5号闸、6号闸、7号闸，让洪水沿清河导流渠流入北小河。

五、生态驳岸系统

作为水系系统的一部分，驳岸也或多或少地影响着水体的清洁度。在森林公园中主要采取生态驳岸形式。以生态防护为目的，以植物为主要材料，采取自然形态的水岸处理方式。只在少部分为大量人群游憩活动提供服务的区域内采取硬质材料砌筑驳岸。

森林公园的自然生态驳岸设计，大量加强水生植物、亲水植物以及喜水植物的应用。这一做法主要是为了利用植物自身的生物净化功能，以达到全面净化水体的作用。这种做法不但可以提高水系统的水体质量，同时也可以保证水体的景观效果达到最优。在人群比较集中的区域，设有部分亲水驳岸，可以使游人贴近自然，同时，也可以利用水中释放的负氧离子净化场地的空气，为游人提供舒适的环境。

最终，奥林匹克森林公园水系规划设计在刚性的城市格局中引入自然的柔性水系统，缓解都市生态压力的同时，营造出优美的景观。龙形之湖北起森林公园，向南面的国家奥林匹克主会场延伸。在南端，水面如盘旋的龙尾环绕着国家体育馆，衬托其标志性的地位。国家游泳中心边的圆形喷水池是水系的终点，好似龙尾激起的浪花。

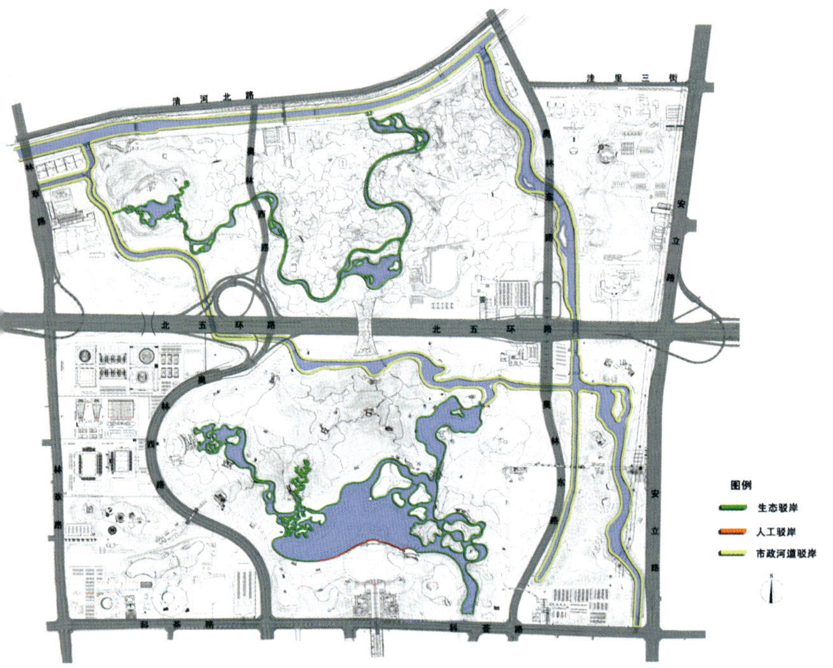

生态驳岸分布图

生态驳岸形式

园内的生态驳岸（本页和对面页）

第四节 奥林匹克森林公园种植规划设计

奥林匹克森林公园的种植规划设计，首先围绕北京地区乡土生物群落、公园场地本底调查而展开生物多样性研究，然后以生态理论作为支撑，公园建成前后对北京城市生态贡献进行研究与评价，从而制定了科学的科研套餐——以生态学为指导原则的规划体系，将公园生态评估、生态设计、景观设计、工程技术等纳入到整体的框架中加以整合，形成一个大的综合系统。另一方面，用生态的理论控制设计，设计的手段反过来干预生态系统，从而将理论研究与设计实践充分结合，又通过项目实施后的研究验证生态设计预期的效果。因此，奥林匹克森林公园种植规划设计是产、学、研结合的典范，是生态研究直接干预景观规划、景观生态设计的代表性案例，在国内城市公共绿地设计领域具有创新性。

一、北京植被特征研究

奥林匹克森林公园的种植规划设计无论从景观角度还是从生态设计的角度都具有明确的北京地域特色。北京的自然气候特征决定了北京的乡土植物景观，而近自然林的设计思想决定了对当地自然植被特征的研究是最重要的基础工作。

北京市受暖温带大陆性季风气候的影响，地带性植被为暖温带落叶阔叶林和温带针叶林混交，这是北京地区原生的植被自然生态系统。近百年来，由于各种原因，原生自然生态系统遭到毁灭性破坏，现只有在偏僻山地还残存部分自然生态系统，但已经失去原始状态。如今主要是以天然次生林为主，由于其自身的调控作用，仍保持着相当数量的原生种类。

北京天然次生林群落

北京中山下部松栎林带

北京中山上部桦树林带

北京山顶草甸

北京境内地形复杂，生态环境多样，植被种类丰富、类型多样，主要是以栎属、椴属、白蜡树属、槭树属、杨属等，占优势的落叶阔叶林和以油松、侧柏占优势的温带针叶林。

从植物区系上看，北京被子植物中以菊科、禾本科、豆科和蔷薇科的种类最多，其次是百合科、莎草科、伞形科、毛茛科和十字花科。此外在平原地区还具有欧亚大陆草原成分，如蒺藜、猪毛菜、柽柳、碱蓬等；深山区保留有欧洲西伯利亚成分，如华北落叶松、云杉、圆叶鹿蹄草、舞鹤草等；同时具有热带亲缘关系的种类在低山平原也普遍存在，如臭椿、酸枣、荆条、薄皮木、黄草、白羊草等。

北京山地相对高差大，随着海拔高度的增加，气候、土壤有明显的垂直差异，故植被也表现一定的垂直分布规律。从植被现状看，山地植被垂直分为4个带：低山落叶阔叶灌丛和灌草丛带、中山下部松栎林带、中山上部桦树林带和山顶草甸。

北京地区自然植被群落的多样性，不仅体现在具有明显的垂直分布规律上，在不同水平区域也有体现。北京地区自然植被保存较好的区域，大多集中在城郊交界处或郊区，如京北的云蒙山、雾灵山、喇叭沟门、松山等；京西的东灵山、百花山等。而随着城市的发展，市区内除海淀区清华大学、北京大学校园内还尚存少数自然植被保存良好的地段外，其余地区均已少见。

北京地区的自然植被大多是以当地乡土树种为主，群落结构基本上为乔木、灌木、草本地被三层。

选择乡土植物是森林公园种植设计的宗旨，但并不是所有的乡土植物都适合在城市园林绿化中运用。在面对复杂的城市环境，以及城市与郊区山林地生态条件的差异性时，有些乡土植物自身所具有的生物学特性就会表现出其不利的一面。

在选择乡土植物时应满足以下条件：

- 当地原生或没有生物入侵威胁的归化植物；
- 有一定的园林观赏价值；
- 能够进行种子繁殖或营养繁殖。

当然，这对于筛选森林公园的植物种类仅是最基本的要求。除此之外，还要考虑乡土植物的生态效益，诸如其光合能力、水分利用效率、抗污染能力等，要从植物的适应性、园林观赏性、生态效益等多方面综合系统地进行分级筛选。

在森林公园植物景观规划设计之初，设计者就结合实地勘查及前人的研究成果，对目前北京园林中常用的木本乡土植物（也包括部分经过长期栽培已适应的引进归化种，如刺槐等）从耐寒性、耐旱性、耐瘠薄、抗病虫、抗污染、观赏性、生态效益等方面进行了综合评价，结果表明：评价为Ⅰ级的植物，其综合效能最高，基本上为乡土植物，少数为综合效能较高的归化树种，包括油松、桧柏、槐树、旱柳、椿树、栾树等，该类树种不仅适应性强，而且生态功能及观赏性也非常高，是最适宜北京城市的绿化植物的首选种类。评价为Ⅱ级的植物其综合效能也较高，包括元宝枫、柿树、绣线菊类、黄栌等，此类植物构成了北京城市绿化的一般树种，尽可能地选择和应用这一类植物，不仅能丰富北京城市的绿化植物种类，而且还会增加城市人工植物群落的物种多样性。评价为Ⅲ级的植物，其综合适应性较差，如照山白杜鹃、欧李等，此类植物要根据实际情况或在特定条件下选用，作为绿化植物种类选择的辅助和补充；另一些该级植物是由于人工繁殖技术或移栽等栽培技术不成熟尚无法大范围应用的种类，如栎类。评价为Ⅳ级的绿化植物，或者没有经过适当的驯化，或者需要优良的小气候环境，综合表现较差，不宜作为北京城市的室外绿化大面积栽植，使用时应根据种类采取必要的防寒、病虫害防治等措施。

园内的植物景观

森林公园的植物景观所承载的生态功能不仅体现在涵养水源、暴雨缓排、降温增湿、平衡碳氧等效益，还体现在以植物为基础，为动物甚至微生物的生存提供条件，从而形成完善的生态系统。

在森林公园内建一个适度规模的人工湿地系统，种植乔、灌、植被，吸引鸟类栖息。除鸟类外，还有蝙蝠、蚯蚓等许多有益的物种，当它们被引进到森林公园中以后，借助适宜的气候和环境将繁衍、传播至周边地区，进而促进周边社区卫生环境的改进。另一方面，本地其他生物物种也可以从周边地区进入到公园内舒适的生存环境中，如此良性循环，提高了物种丰富性，从而提升了该地区的生态质量，同时还可以改善人们的生活。

因此，在进行植物种类评价和选择时，设计师充分分析了北京市的乡土动物种类与植物之间的依存关系，力图从种类的选择一直到群落、景观的构建全方位贯彻以植物多样性为基础，继而建立完善的生态系统的设计理念。

二、奥林匹克森林公园种植规划设计原则和理念

在上述研究的基础上，以充分贯彻和体现公园“通向自然的轴线”的设计理念，确定森林公园种植规划设计的原则为：

以生态的思想和生物多样性的原则为设计的首要原则，在充分解读北京的自然植被信息和乡土树种的综合特性以及北京的主要乡土动物物种对植物种类及栖息地的依存关系的基础上，坚持以北京的乡土树种为公园的骨干和基调树种，合理进行乔、灌、草的搭配，常绿树种和落叶树种的搭配，针叶树种和阔叶树种的搭配，并建立多种多样的景观、群落类型，从而实现景观和生态效益、社会效益的多重功能。

森林公园通过巧妙利用各种植物，使园林景观逐渐由城市化向自然山林过渡，利用五环路的南北界定，将森林公园划分为以生态保护与生态恢复功能为主的北园和以休闲娱乐功能为主的南园两部分。

森林公园选择乔木时主要以抗性强、易成活、形态优美的乡土树种为主，片状配植成自然式混交林。自然式混交林根据植物搭配的不同分为乔木混交林和乔灌混交林。乔木混交林主要有：阔叶混交林、针叶混交林、针阔叶混交林，主要在一些管理较为粗放的地段应用，并可以提供林下活动场地，供人们休闲娱乐、进行森林浴，形成一种特殊的景观效果。乔灌混交林是为增加城市植物群落观赏效果而形成的具有特殊景观特色的搭配模式，运用植物的色、香、姿、韵等观赏特性进行合理配植，形成春景、夏景、秋景、冬景、春秋景、夏秋景、四季景等不同季相变化的景观类型，意在体现不同的季节景观。初春，桃李吐红，百花齐放；盛夏，乔灌葱郁，清爽宜人；仲秋，元宝枫、火炬树、黄栌绯红点点，五彩缤纷；隆冬，遍野松柏，苍翠凝重。

森林公园的种植规划则根据当地生态环境及植物自然群落的组合规律、结构特征等，尽可能扩大林地的叶面积系数，运用植物造景的原则、手法，组成既能发挥综合的生态、社会、经济效益，又各具特色的植物群落。

组建相对稳定的乔灌草、乔草、乔灌等多种复层混交种植结构的植物栽培群落是本次规划设计的重点，也是有效提高林木群落生态效益、形成完善生态环境网络的关键所在。森林公园种植规划设计制定了科学的乔灌比和常落比，按照北京地区常见的植物配植比例，制定乔灌比为7:3，常落比为3:7，同时为了体现不同的景观特色，又在不同群落单元中存在一定的微差，如山体的背阴面及山脊处适当将常落比调为4:6甚至1:1；局部突出花灌效果的地段则加大了花灌木的比例，将乔灌比调为6:4，形成各具特色的景观。

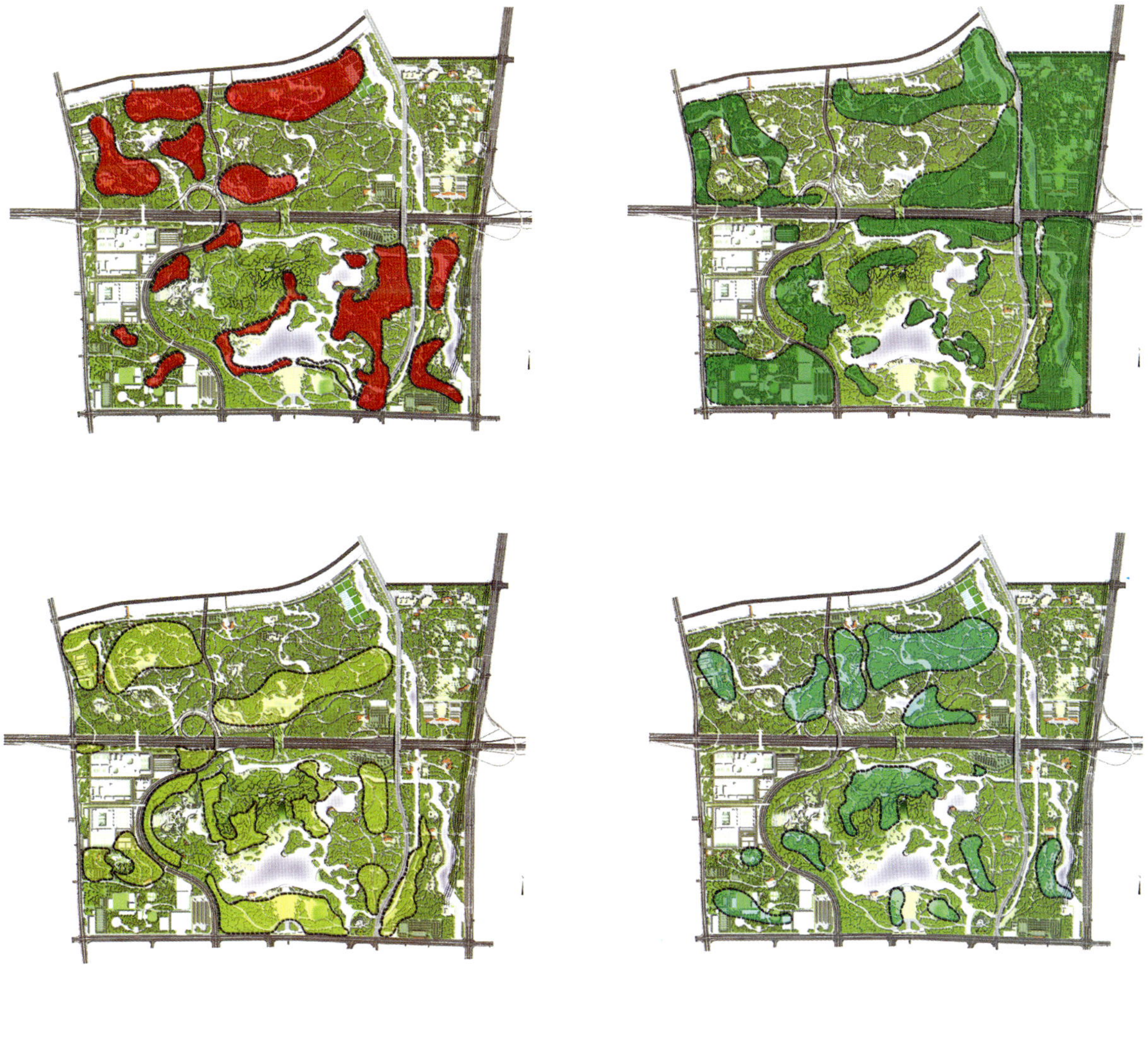

植物季相分析图

初秋

三、奥林匹克森林公园设计分区

森林公园丰富的地形地貌形成了溪流河道、大山大水、湿地、草地和林地等不同的生态区域。分析这些区域的生态特征，是具体的植物群落和植物景观设计的基础。

公园规划绿地面积434hm^2，占总面积的77%。以规划地形地貌、景观分区、功能分区为基础，考虑到植物的种植形式和影响植物生长和植物景观特征的主要因素——高度及水分状况等，分别将种植方式、高度、土壤、水分状况三个因子划分为三个梯度，并采用分层叠加的方式，获得不同的生态区域。

其中种植方式划分为自然、半自然和人工区，是结合总体规划中的景观分区和功能分区，从植物景观总体规划的角度入手，根据不同的配植手法来体现的，其类型灵活多变；高度划分则以场地现状的最高点高程48.9m（西南部）和最低点高程35.2m（东北部）的中间值42m作为相对零点高程，再依照规划中森林公园对于山地的划分标准（高山48m、中山20m左右、低山5~10m，相对高程），将相对高度大于5m的地上部分归为高地，0~5m高度归为平地，其余为低地；三大梯度的划分以陆地景观为主，因而在土壤划分中省略了水体部分。土壤则根据其高度对水分状况划分为旱地区—中地区—湿地区三个梯度。

将以上三大类，9个小区分层叠加，产生四大类，27个分区。在此基础上，结合森林公园基址条件，最终产生11个分区，如下：

第一类：

A区——高地+自然+干地区；

B区——高地+自然+中地区；

C区——高地+半自然+中地区；

第二类：

D区——平地+自然+中地区；

E区——平地+半自然+中地区；

F区——平地+人工+中地区；

第三类：

G区——平地+自然+湿地区；

H区——平地+半自然+湿地区；

I 区——平地+人工+湿地区；

第四类：

J区——低地+自然+湿地区；

K区——低地+半自然+湿地区。

1. 根据生态环境区域确定植物群落构成

生态环境区域的划分为明确植物的生境条件提供了基础。森林公园的近生态设计要求必须根据环境选择最适宜的植物种类，从而最大限度地减少人工养护的成本，并尽快形成完善的生态系统。借鉴北京地区自然植被的特征和群落结构特征，森林公园中采用乔木、灌木、草本地被三层复层混交的配植方式，最大限度地发挥光能利用率，充分利用土壤不同层次的水分和养分，同时提高抗病虫害的能力，加强生态系统的平衡性和稳定性。

基于南、北园生态功能上的差异，我们将南北园的植物种植设计分别进行分析。

南园在2008年便要投入使用，植物作为一种有生命的景观素材，至少需要1~2年的生长培育期，这就要求在进行种植规划时一方面要考虑种植后的景观效果，另一方面还要结合北京周边地区的现有苗源，客观而实际地进行植物配植。

规划时参考了北京《2004年苗木出圃计划》，根据三大苗圃的现有苗木及数量，尽量选用有足够苗源的种类；同时由于主景区的挖湖堆山，造成部分现有树木移植，因此在规划时将此类苗木应用于邻近的其他景区，在近距离内带冠移植，最大限度地利用现状树，节约造价的同时也保证了景观效果。

现场包括洼里公园与碧玉公园两个已具有一定规模的公园植物体系。公园中的大部分植物已经长成，本身的生态系统也基本建立。密林、疏林、孤植景观树已具有相当的景观效果，部分生物已经在区域里自然生存、发展。为了尽快形成环境优美、植被繁茂的森林景观，结合部分地段的现有保留树种及部分现存古树，尽量选用大苗，以期与原有景观顺接，发挥森林公园改善生态环境、强化景观的功能。

全园植物利用分析图

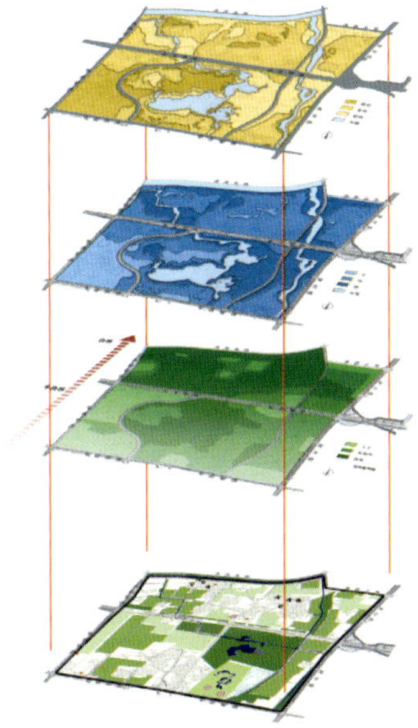

现状、高度、土壤、水分因子分层叠加图

植物群落分区图

种植意向图

清河导流渠两岸植物

1 洼里公园
2 碧玉公园
3 盛夏

2. 南园植物群落分区

为了建立稳定的生态系统，森林公园南园根据不同的植物群落分为：密林区、疏林草地区、湿地植物区三类不同的植物景观区域。

密林区主要功能是体验野外生存感受，植物配植选用北京乡土树种中抗性强、耐瘠薄的品种，设计时尽量模仿山野氛围，突出山林色彩，充满野趣。

疏林草地区是提供人们进行森林浴、日光浴的场所，同时进行招鸟工程。植物侧重选用能产生特有的芬多精的品种（它们有杀菌作用和药理作用。如柏树有对人体有利的挥发油；菊花的芳香利于儿童发挥智力，并有助于消除一天的疲劳；松树、丁香等对感冒、结核有辅助治疗作用），以利于人们祛病强身，同时对美容也大有裨益，并可为鸟类提供食物。

湿地区兼具观赏与科普教育功能，通过严格的人工模拟系统，在高位、中位和低位沼泽中进行各类植物的不同搭配，形成一道独特的湿地景观带。植物配植时选用形态优美、花色艳丽的各种湿生植物品种，满足游人对湿地水生植物的认知；同时还可利用各类湿地植物招引蝴蝶，形成水草茂盛、蝴蝶翩翩的景象。

突出山林色彩的密林

疏林草地区（本页和对面页）

兼具观赏与科普教育功能的湿地区（本页和对面页）

3.南园景观功能分区

在南园植物群落分区的构架下，对主山区、主湖区、湿地景区、生态康体活动区、垂钓区、南主入口区、森林艺术展示区等景观景区分别进行了详细的植物景观设计。

(1)主山区

主山区作为北京北中轴线的收笔，是一个视线凝聚的所在。规划时在轴线所在坡地处沿着等高线的上升，按照株高渐次升高、花色参差交替的规律，种植早春开花的花灌木，让主山和主湖形成春花烂漫、交相辉映的繁华景象。而山顶的主景点——天境也在高耸的松柏环抱下映射天光流云，让游人恍惚间犹如置身花团锦簇的"天堂"。

轴线两侧的坡地上种植以色叶为主的阔叶乔木，与中间的春花片区呈环抱之势。奥运会举办之时，恰逢北京盛夏，此时无论是隔水远眺，还是登高俯瞰，一片山色尽收眼底。

主山阴坡则选用一些景观效果好、抗性强的山区绿化树种，如蒙椴、栓皮栎、桑树、核桃等，努力刻画一种山野的氛围，同时增加常绿树的比例，以期在冬季起到阻滞西北风的作用。

在进行山脊线的植物配植时，选择一些塔形的常绿树种，形成一条沿山体走势延伸的绿色"天际线"。

(2)主湖区

主湖区作为整个奥林匹克项目中最大的人工水面，其水体周边的处理主要考虑到湖滨对景观的需要，在滨水区形成一个水生植物—花灌木—乔木次第升高的植物景观带。北京的花灌木以春花居多，而北京的春天也是四季中最为绚烂多彩的，届时，春水解冻，碧波倒影里，处处繁花似锦、落英缤纷，如镜的湖面映射出一个姹紫嫣红的"人间四月天"。

主山区植物景观（本页和对面页）

主湖区植物景观

(3)湿地景区

湿地景区不单是一个植物景区，同时它还具有净化园内水体的重要作用。故整个湿地景区的植物种植不但要考虑景观效果，还要考虑到选用的湿地植物与水生植物对水体的影响。湿地种植片区依次分为沼泽植物区、浅水植物区、沉水植物区以及混合种植区四部分。

沼泽植物区位于整个水系统的上游，以芦苇沼泽群落、香蒲沼泽群落为主体，种植相关伴生植物——日本报春、落新妇、燕子花、黄菖蒲、荷花、泽泻、慈姑、花叶水葱、千屈菜等。

浅水植物区位于地段北侧，此处水流较为缓慢，符合浅水植物对于静水的要求，植物以槐叶萍群落、紫萍群落以及白萍群落为主，种植相关伴生植物——荇菜、水罂粟、凤眼莲、萍蓬草、睡莲等。

沉水植物区位于地段东侧的生态鱼塘处，充分利用部分沉水植物适合做鱼虾饲料的特性，品种以菹草群落、苦草群落为主，种植相关伴生植物——水毛茛、金鱼藻、水藓等。

混合种植区位于湿地生物展示区中心，若干小岛的组合为植物提供了丰富的生长空间，根据植物对水深等条件的不同要求，种植观赏性较强的各类湿地植物，并通过植物的围合为野生动物提供栖息的空间。

具有不同种植特点的湿地景区（本页）

(4)南主入口区

南主入口是森林公园与奥林匹克中心区连接的主要出入口。南主入口区主要营造一片开阔的视野，形成一条直达主山的视线走廊，给人以震慑心灵、豁然开朗的视觉感受。配合中央大草坪的展开，采用杨树结合廊架组成树阵，形式放松且富有韵律，两边采用自然式种植，考虑四季景观，延续公园自然配置的形式。

(5)垂钓区

垂钓区紧邻主湖景区，西侧在原有碧玉公园的基础上改造而成，具备较好的现状植被，规划时以各个小岛为界，形成以一种春花花灌木为主调树种的种植片区，由北至南依次为桃花区、紫薇区、玉兰区、丁香区、海棠区；东侧为原有别墅区，在保留原有植被的基础上，以合欢为主要树种，形成葱翠蓊郁的绿色景观。

(6)森林艺术展区

森林艺术展区选在现场植被景观效果较好的洼里公园原址上。该区的现有林木较多，且已形成较为郁闭的效果。规划时保留浓密蓊郁的森林景观，为艺术家们提供创作的灵感和空间，只在林缘与道路相邻的空地上，增种一些花灌木，与道路沿线的植物景观相呼应。

同时通过一些冠茂荫浓的阔叶乔木的配植，为游人提供可进行露营烧烤的林下空间。由于露营活动多在夏秋两季进行，花灌木尽量选用夏花或秋花品种，同时要选择没有枝刺的品种，避免刺伤游人。

1	2
3	4

1 南入口广场
2 南入口中央大草坪
3 南主入口
4 南主入口两侧的自然式种植

	1
2	3
	4

1 葱翠蓊郁的垂钓区景观
2 森林艺术中心
3 4 森林艺术展区周边郁闭的森林景观

金秋时节

4.北园景观功能分区

北园整体规划以生态自然景区及少量社区活动场所为主，规划建成一片原生树种种源基地及鸟类保护区。

北园区域内本就植有一定数量的植物，在设计植物景观时，尽量保留了现有大树和长势较好的苗木。在现有大树周围以地被植物为主，展现大树的自然风姿。

以基址的生境状况作为筛选树种的重要参数，特别注意选取在当地能够自然生长的种类，尽量减少人工维护。

与南园相比，北园地理环境较为简单，各个分区都是以其功能进行划分。不同的功能分区以不同的植物类型为主调，形成各具特色的植物景观。

道路两侧与滨水区规划为林带过渡区。道路两侧根据不同车速要求配植不同景观防护林带，形成花灌木、常绿乔木、高大落叶乔木阶梯状的配植结构，综合发挥植物的景观观赏价值和生态环境效益。北五环沿线以大尺度的林带变化配植为主，东西两条过境路结合现状苗木和局部地形改造塑造林间花谷的景观意境。北部清河沿线防护林带，特别注意现状大树的保留和搭配林下花灌木，主要选取垂枝型的花灌木点景，如黄刺玫、紫叶小檗、迎春、绣线菊、猬实、连翘，形成有层次的景观林带。

靠近附近住宅小区的部分为社区活动区。社区活动区内东部以春景花灌木为主，选取北京植物园引进的美国海棠园艺品种作为区域花灌木的主景树种，形成海棠花坞的景观。主要品种有"红丽"、"粉芽"、"绚丽"、"火焰"、"道格"、"钻石"等。社区活动区的西部以秋景为主，配植银杏、元宝枫、栾树、紫叶稠李、美国红栌及观果的花灌木雪果、金银木、天目琼花、黄果忍冬、蓝叶忍冬、阿诺红忍冬、蓝果山楂等树种。

北园主要区域为生态种质资源恢复区，以乡土植物为主。由于区内地势平坦，设计中主要以华北地区平原植物为主调并结合北京北部低山植物的主要种类为基调树种。选取柳、油松、杨、榆、槐、椿、栎属乔木、红瑞木、柽柳、紫穗槐、雪柳、蒿柳、水杉、黑杨、大叶白蜡、小叶白蜡、丝棉木、桑、枫杨、杜梨等，构筑林冠线优美、层次丰富的复合植物群落。并特别创建了几类富于特色的乡土植物引种示范基地，特色乡土乔木有蒙椴、糠椴、楸树、大果榆、槲树、黄檗、盐肤木等。

乡土花灌木主要为东陵八仙花、小花溲疏、红丁香、紫叶小檗、多花胡枝子，栒子属的多花栒子、平枝栒子，忍冬属的蓝果忍冬、金花忍冬、紫枝忍冬、黄果忍冬、阿诺红忍冬，绣线菊属的华北绣线菊、金叶绣线菊、柳叶绣线菊、齿叶绣线菊、粉花绣线菊、金焰绣线菊等。

乡土地被植物主要为涝峪苔草、旋覆花、紫花野菊、蒲公英、求米草、罗布麻、荚果蕨、委陵菜、翻白草、匐枝委陵菜、蛇莓、蓍草、百里香、黄芩、苦卖菜、苦菜、紫花地丁、连钱草、三齿萼野豌豆、蓝花棘豆、大叶铁线莲、地黄、岩青兰、二月兰、射干、圆叶牵牛、打碗花等。

位于北园东南角的综合办公区，主要保留现状大树形成点景孤植树，并将南园挖湖堆山所移植的部分银杏放置于此，形成以秋景取胜的植物景观，同时在现状树的林缘及林下栽植宿根花卉，丰富色彩和层次。

位于北园东北角的公园管理区由于有较大面积的建筑，此处的植物配植较为细致，通过不同特色植物的选用增强建筑的可识别性，并形成富于变化的景观。

北园景观

四、奥林匹克森林公园种植景观规划设计意义

森林公园是一个人为设计、人为干扰下的复合生态系统，既与封闭式的自然环境不同，又不是单一的人工生态系统。在这种情况下，利用具有多学科综合优势的"综合生态设计"是行之有效的设计方法，非常具有科学研究的价值。

奥林匹克森林公园通过以乡土植物为主的当地原生群落的重建，从而成为乡土植物的种源地并为各种乡土野生动物（尤其是鸟类）提供栖息地，实现了城市生态系统向自然生态系统的过渡；通过高绿量以及高水分利用效率的植物种类的选择，达到为城市提供新鲜氧气并吸收二氧化碳、释放负氧离子提供新鲜空气等作用，同时最少消耗生态资源，达到生态效益最大化；对城市水分平衡起到重要的调节作用；提高生物多样性，改善城市生态环境质量；减缓城市热岛效应；提高城市生态承载力；保障城市生态安全。

森林公园建成后将是目前北京最大的一块完全由人工营造的绿地，被称为北京北部的城市"绿肺"。植物是景观构成元素中对生态环境贡献最大的元素，森林公园在规划设计中，充分认识到这块绿地在改善区域环境生态质量方面的重要意义，因此将植物景观规划设计放在首要位置，希望通过多样的植物物种和群落结构，尽快把园区建成一个植物种源库，进而为其他生物物种提供良好的栖息环境，从而建立良好的生态系统。长远看来，这块绿地本身及其营造的内部环境对于生物物种保护、乡土植被的恢复和重建无疑都具有非常重要的意义。在森林公园中所采用的技术，以及在公园建成后所提供的建立生态群落的经验，都对恢复北京原有自然生态环境具有重大意义。

同时，森林公园对保障城市生态安全、提高城市生态承载力以及保障北京的可持续发展在一定程度上奠定了生态基础。

森林公园生态林的存在也为百姓提供了一处自然、野趣的休闲娱乐场地，对丰富百姓的业余生活、提高市民的健康状况均有不可替代的作用。

第五节 奥林匹克森林公园交通规划设计

一、奥林匹克森林公园交通要素分析

北京城市中心骨干路网主要由环路加放射路构成，二环以内为旧城，四环以外为主要的城市建设区，四环路与五环路之间规划有绿化隔离地区。

森林公园位于北五环路两侧，周边有多条高速公路和城市快速路、主干道、次干道等，与其他地区交通联系方便。从森林公园所处位置和交通流向看，本地区主导交通流向为市中心方向。地区主要城市主干道有八达岭高速路、北辰东路、安立路、辛店村路，主要城市次干道有清河北路和洼里三街。

近几年北京市各公园景区的面积与其年接待游客数量没有确定关系，因此只能通过分析公园景区的性质特征预测其年接待游客的数量，得出如下结论：

在极端日最大接待量条件下，游客人均面积在20m²以上，曾经接近或达到这一数值的公园景区面积都小于100hm²（公园景区内水面积和山地面积折算后）；

在高峰日最大接待量条件下，游客人均面积分散在30～100m²之间；

在平均日接待量条件下，游客人均面积在150m²以上。

奥林匹克森林公园面积比目前北京最大的公园——北京植物园（400hm²）还大得多，南园的面积已经接近北京植物园，是各方面条件比较相似的天坛公园（210hm²）的3.2倍。森林公园景点缺乏文物古迹要素，这与北京植物园相似，而与天坛公园不同；森林公园景点区位条件好、交通便利、新鲜感强、公众关注度高，这与北京植物园不同，但与天坛公园相似并略胜于天坛公园。

因此我们预测，南园年游客接待量（稳定值）应该达到450万人次。这样按日平均接待量计算，游客人均面积约为167m²，基本等同于天坛公园人均面积165m²的水平；同样参考天坛公园的高峰特性，在其高峰日最大接待量情况下，游客人均面积为53m²，则森林公园南园在高峰日条件下，游客人均面积可设定为60m²，高峰日接待量为3.4万人次。

预测北园年游客接待量（稳定值）应该达到80万人次。这样按日平均接待量计算，游客人均面积约为1000m²，略小于北京植物园人均面积1200m²的水平；同样参考天坛公园的高峰特性，在其高峰日最大接待量情况下，游客数为年平均日接待量的3倍，则森林公园北园高峰日条件下，高峰日接待量为6600人次。因此，森林公园全园总的高峰日接待游客量约为4.06万人次。

森林公园的游客可划分为远距离游客和近距离游客：前者的用户特征是偶然性、环境陌生性和机动化主导性，一般选择的交通方式为轨道交通、自备机动车交通；后者的用户特征是半经常性、环境熟悉性和抵达方式混合性。一般游客选择的交通方式除轨道交通和自备机动车交通外，还会选择公共汽车、自行车和步行等交通方式。

森林公园的公共交通系统是十分完善的。地铁奥运支线可以为森林公园提供每日2万人次的客运能力；一条以森林公园为终点的普通公交线路则可以提供每日600人次的客运能力，这样的公交线路可能达到20条，公交车系统的总客运能力可以达到每日6000人次；公共交通方式总共可以为森林公园提供单向每日2.6万人次的客运能力，可以满足高峰日游客量75%的需要。

自备车交通亦是游客到达森林公园的重要方式。高峰日自备车对于25%的游客是必须的；能否在交通方面比较好地照顾到这部分顾客的需要，对公园的运营至关重要；自备车停车位的数量及其停车方便性将会直接影响森林公园对本地游客的吸引力，而这部分游客属于基础游客，其供应量相对稳定并且分布相对均匀；为满足自备车25%的客运分担率，需要在公园内建设3000个车位。

奥林匹克森林公园中的游客

以上关于高峰日游客量的讨论并未考虑园路容量约束情况，为了避免园路面积不够的问题，需要考察园路容量是否能够满足高峰日游客量的需要。一般认为，一个人可以舒适行走的情况下需要的空间面积至少为4m²。对于南园而言，其一、二级园路系统可以同时容纳3.3万人。

南园一、二级园路的总长度大约是20km，这样每人需要花3个小时才能走完园路总长度的一半，可以认为3小时是游客的平均滞留时间。

如果考虑每日有6个小时是游客的行动时间，这样整个南园的园路系统每日总共可为6.7万人提供正常且比较舒适的步行空间。这个园路容量大于南园4.06万人次的高峰日接待量。

因此，我们的园路方案设计可以满足高峰日游客需求，并且可以保证不致引起游客普遍的不适感。当然，对于每日7万人次的极限流量而言，目前的园路系统可能难以保证全程基本舒适感，这种情况下游客会经常感觉园内交通局促，但不致引发普遍且明显的拥挤问题。

二、奥林匹克森林公园交通系统规划

森林公园的交通系统规划设计，主要原则是以人为本、采用人性化设计理念。奥运会期间作为运动员的主要休闲活动区域，奥运会后作为北京市民百姓和国内外游客的休闲娱乐公共公园，森林公园要将安全性原则自始至终贯彻于整个交通系统规划设计中。其次，森林公园的交通系统规划设计要考虑采用不同交通方式的游客的不同需求，以及游客在园内游览的便捷性和舒适性需求。同时，公园的交通体系要与公园的景观融为一体，和谐统一。

森林公园外边界由白庙村路（西）、安立路（东）、清河北街（北）、洼里三街（东北）、辛店村路（南）5条城市主次干道围合而成。其中，白庙村路、安立路、辛店村路为城市主干道，清河北街、洼里三街为城市次干道；北五环路（城市快速路）东西横贯，将公园用地分为南北两园；北辰西路、北辰东路两条城市次干道构成公园内部南北向通行的重要路线。城市快速路与主干路、次干路交叉口均通过立交系统解决。此外，沿中轴线设置的奥运支线地铁在森林公园南端入口处设置站点。另在公园南园白庙村路入口及辛店村路东南入口分别规划设置一处公交车首末站。

森林公园内部道路与城市道路分离，自成体系。根据公园内山形水势、功能分区以及游人的游览路线将园路分为三级。一级园路，路宽8m，是公园内最基本的道路骨架，连接公园内各主要景区；二级园路，路宽4.5～6m，以步行交通为主，允许管理性的机动车交通进入，成为连接各主次景区及内部各景点的重要路线；三级园路，路宽1.5～3m，是公园内分布最广的游览路线，仅允许自行车交通与步行交通。

森林公园内园路分析图

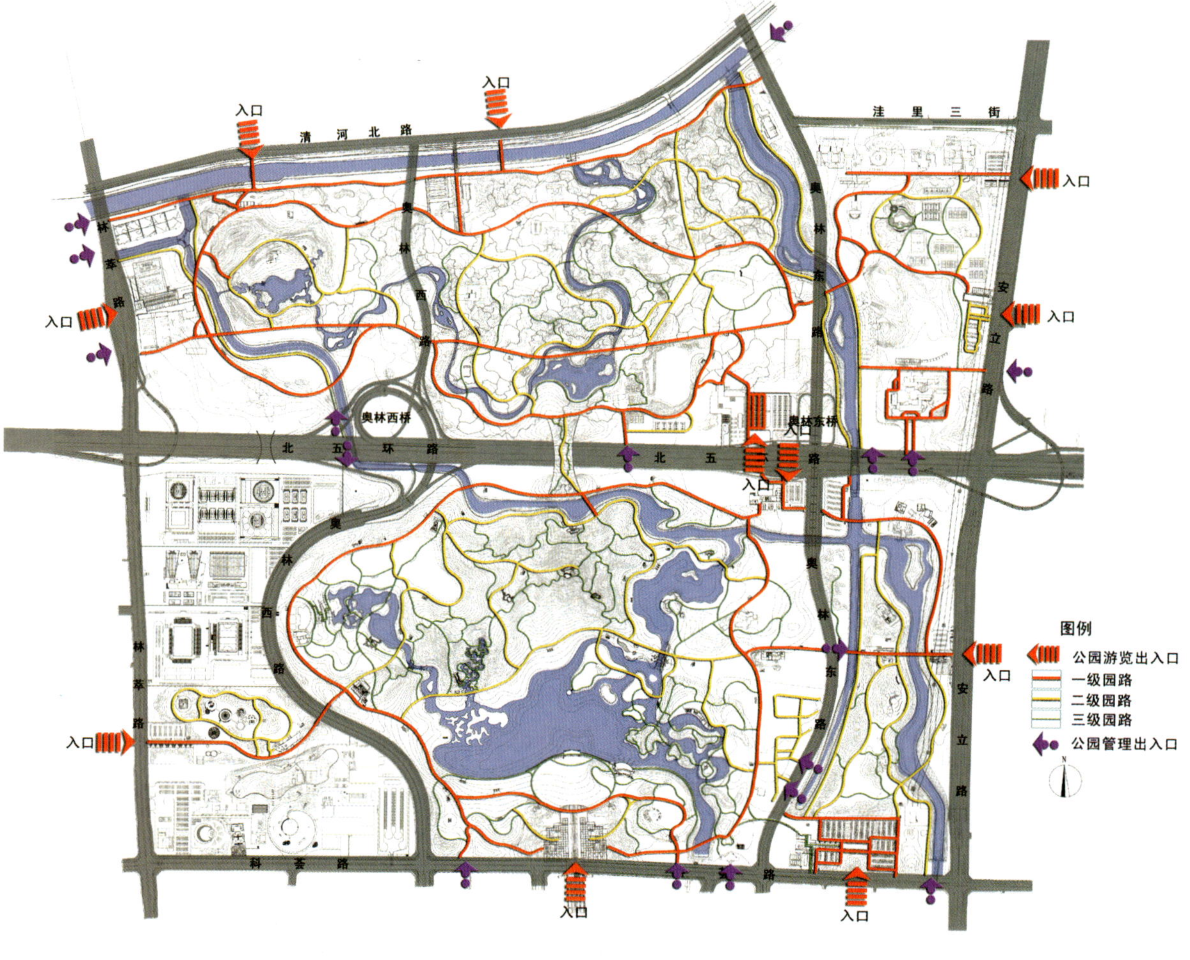

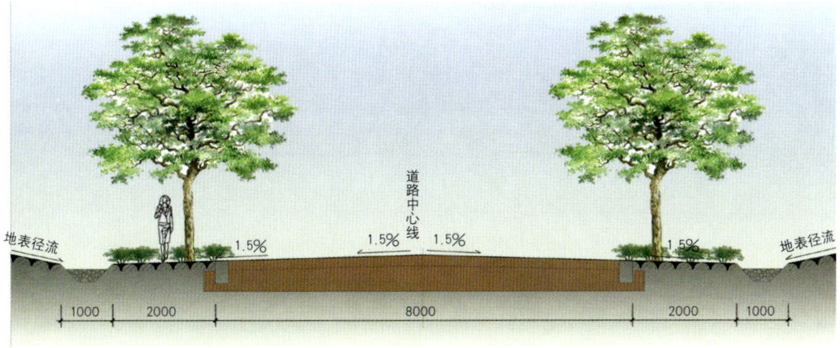

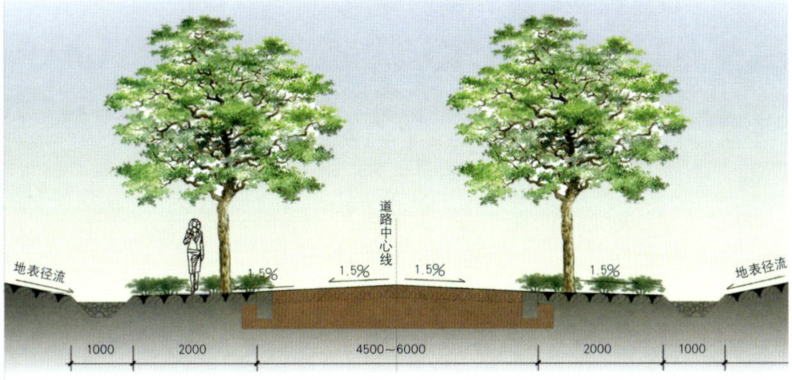

1	3
2	
4	5
6	7

1 一级园路断面图
2 二级园路断面图
3 三级园路断面图
4 5 一级园路
6 7 二级园路

三级园路

为满足游客方便、快捷地到达公园各景区，沿公园主干道布置了无污染的电瓶车游览路线，其服务范围覆盖公园主要景区。各门区或门区附近设置起止站。在各景点或靠近景点的一、二级路边设置站点；一、二级路的主要路口设置站点。

为方便绿化施工用车、消防用车、检修用车等载重专用车辆驶入公园，在公园南北两园分别规划了载重车辆行驶路线。其中，北园，在北辰东路西侧区域设置两个载重车辆出入口，白庙村路一处，北五环路北侧一处，北辰东路与安立路之间区域可以通过安立路的两个出入口进出；南园，在安立路西侧设置一个主要出入口，北五环南侧设置一处，载重车辆可以通过白庙村路上的出入口进出北辰西路西侧区域。

载重车行驶路线与北辰西路、北辰东路共有3个相交路口，均采用立交形式，分上行和下穿两种，上行路口（南园北辰西路、北辰东路与公园一级园路立交的两个路口）设计要充分考虑桥梁承重，下穿路口（南园北辰东路与公园主路交口）设计要保证桥梁净高满足大型车通过的基本要求。

电瓶车游览路线图

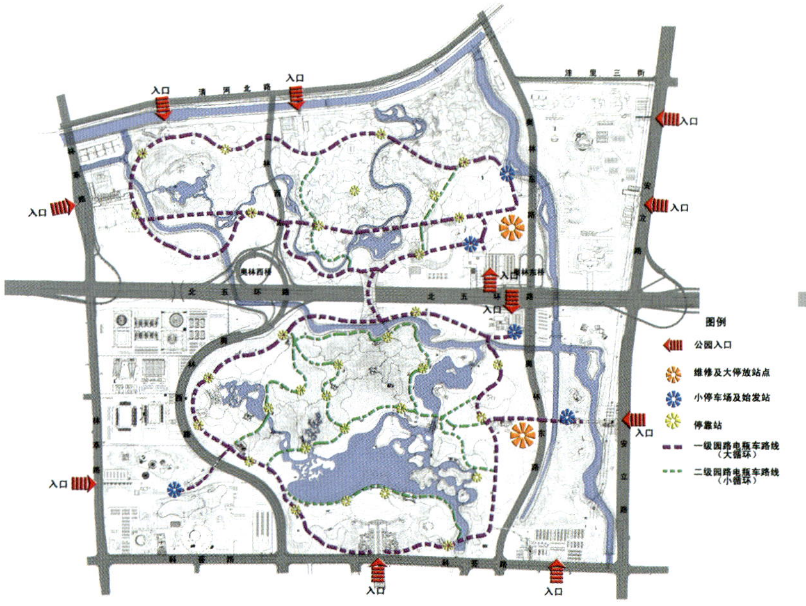

载重车行驶路线图

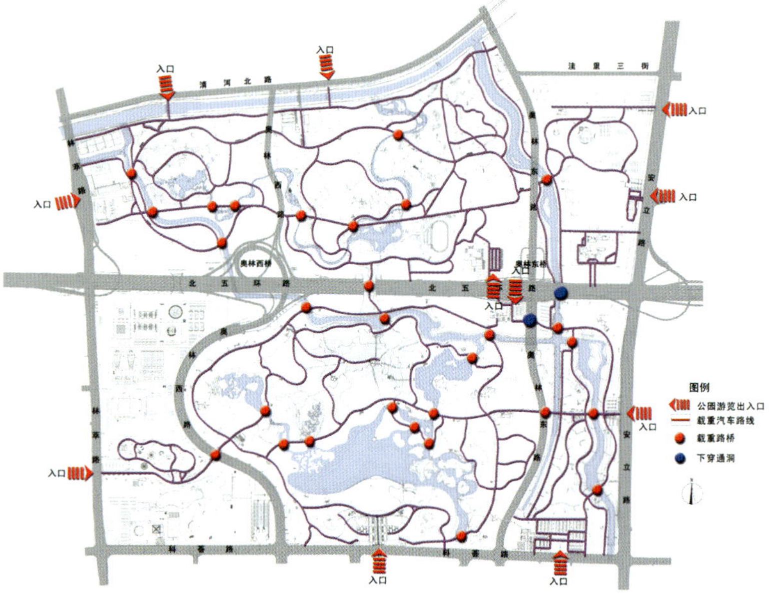

公园内的电瓶车

电瓶车站点

三、奥林匹克森林公园门区规划设计

鉴于门区出入口的基本功能是方便游客出入，因此，设计师以游客交通特征的分析结果，作为门区出入口规划设计的基本指导原则，门区出入口设计必须满足远距离游客和近距离游客的不同需求。公园的出入口分为三个等级：一级出入口为主要出入口，出入交通量较大，也有多样化的机动交通方式，因此一方面需要便捷、通畅的出入通道，另一方面需要较大的出入口缓冲空间和停车空间。二级出入口为次要出入口，出入交通量较小，机动交通方式较单一，对出入通道和出入口缓冲空间的要求都较低。三级出入口为辅助出入口，主要为公园内部的非游客人员和车辆服务。

北五环为自备机动车游客出入公园提供了最便捷的通道，因此在北五环南北两侧设置S3和N1入口，作为远距离自备机动车游客出入南北园的主要通道。由于有比较方便的辅路和上下匝道系统，因此可以实现机动车全方向出入北五环，属于一级出入口。

门区出入口分布图

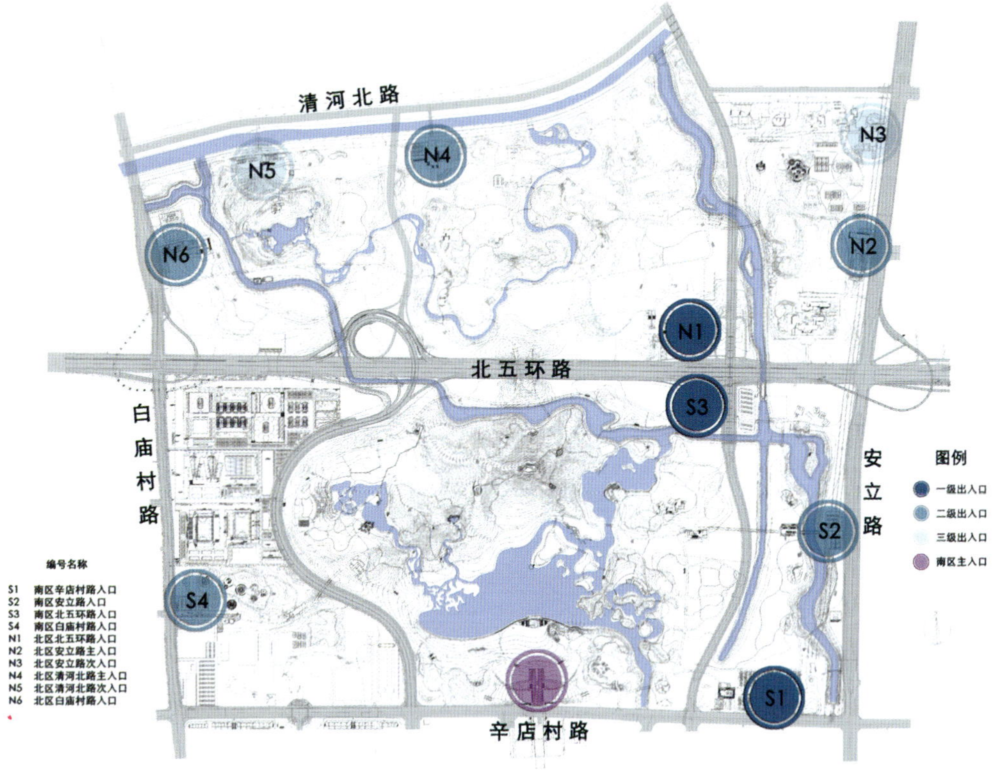

OLYMPIC

除北五环以外的其他周边道路，包括辛店村路、安立路、清河北路、白庙村路等，虽然都可以为自备机动车交通提供出入通道，但这些道路本身通行能力较低、且过境交通压力较大，因此可供出入公园的通行能力会比较有限，尤其是南北向的安立路和白庙村路，由于北侧有回龙观、北苑、天通苑等大型居住社区的存在，未来势必面临巨大的过境交通压力。因此，布置在上述道路沿线的公园入口，不会成为自备机动车交通的主要通道。但是，由于北五环路对近距离游客相对而言反而不便，上述道路沿线的入口将成为近距离游客的主要通道。

由于北五环通行公共汽车的可能性不大，而许多游客、尤其是近距离游客会选择乘坐公交车到达公园，因此，除北五环外的其他周边道路都考虑了公交车的通行、停靠及相应的人流过街问题。

毫无疑问的是，会有一部分近距离游客将使用自行车或步行到达公园。由于北五环不具有自行车通行和步行的条件，其在公园范围内的部分辅路也无自行车通行和步行的便利条件，因此对S3和N1入口不考虑自行车出入，除此之外的其他所有入口都系统考虑自行车与步行条件，在门区周边要有供自行车和行人使用的交通空间及相关过街通道等。

公园南侧东西向的辛村店路上设置有南主入口和S1入口。这里是整个森林公园最南侧，与主要游客流的来向最接近。南主入口是公园最主要的入口；辛店村路过境交通压力相对南北向道路而言较小，方便以自备机动车和公共汽车为交通方式的近距离游客通行，也是公园主要的入口。S1门区目前缓建。

1	2
3	4

1 N1门区总平面图
2 S3门区总平面图
3 S3门区空间分析图
4 S3门区交通流线分析图

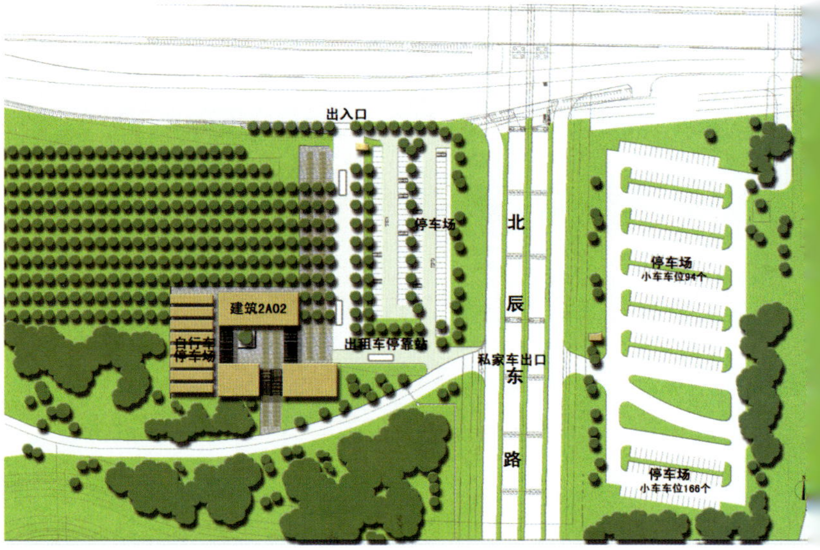

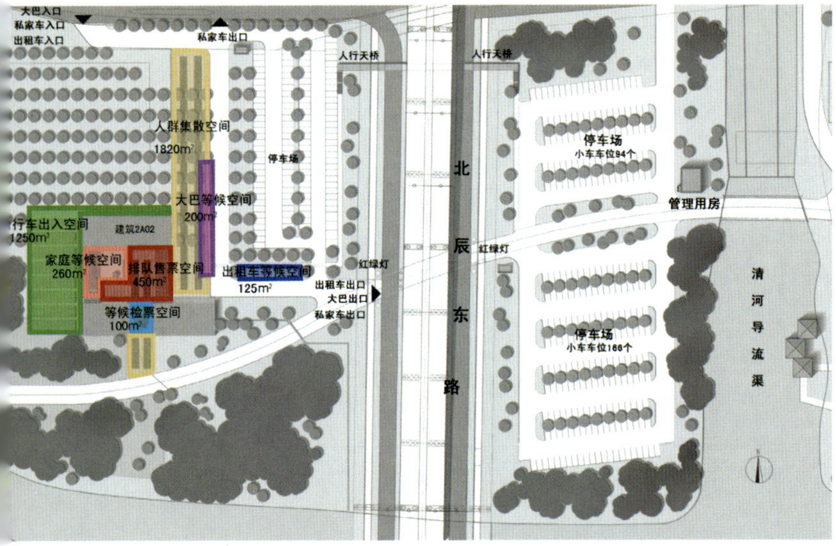

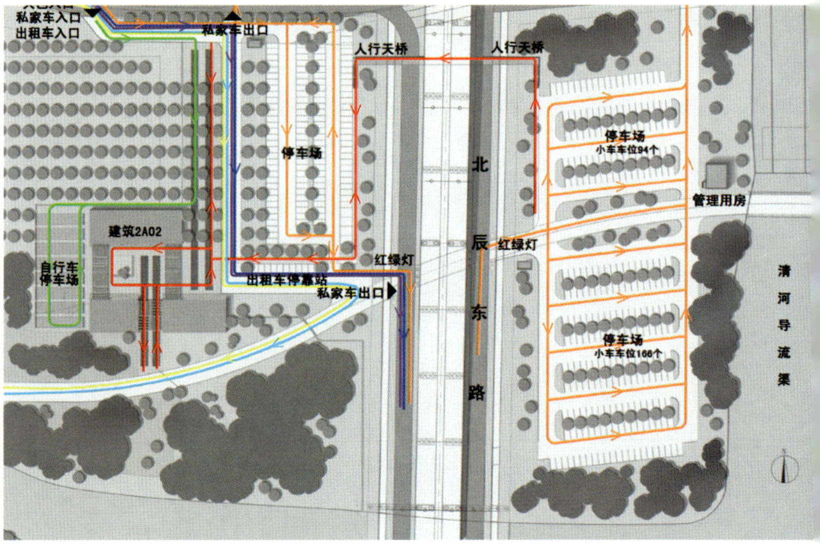

1 2
3
4 5

1 N1门区
2 S3门区
3 南主入口总平面图
4 南主入口交通流线分析图
5 南入口功能分区图

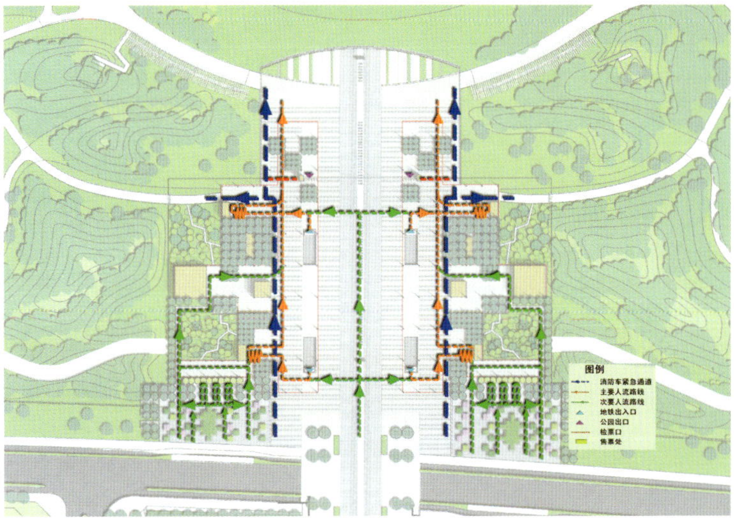

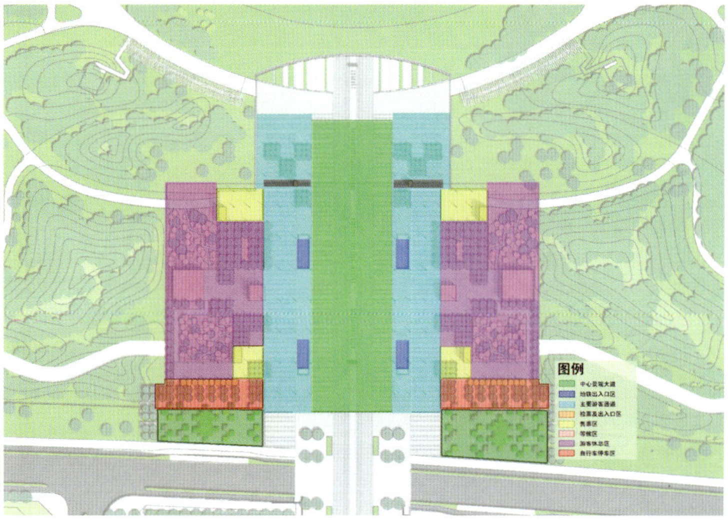

南主入口

公园东侧南北向安立路上，分别设置S2、N2入口。由于安立路未来过境交通压力很大，将不会成为自备机动车游客的首要选择，这两个入口均属于二级出入口。S2入口不正对城市道路，采用机动车右进右出的通行方式，N2入口正对城市干道，设置信号控制交叉口。

与公园西侧南北向白庙村路相邻的，是S4、N6入口。由于白庙村路未来过境交通压力也很大，也不会成为自备机动车游客的首要选择，这两个入口均属于二级出入口。S4入口正对城市支路，设置信号控制交叉口，使机动车可以全方向出入；但也有可能为了减少对白庙村路过境交通的干扰，采用机动车右进右出方式。N6入口不正对城市道路，且白庙村路在此段为上下行路由分立，无法设置信号控制交叉口，机动车只能右进右出。

清河北路，是公园最北端的东西向道路，位于五环外，过境交通压力相对较小，规划了二级出入口N4和三级出入口N3、N5。由于北园目前不对外开放，故N4和N5两个门区缓建，现只建设N3，主要为公园内部的非游客人员和车辆出入服务，采用机动车右进右出方式。

1 S2门区总平面图图
2 N2门区总平面图
3 4 S2门区实景

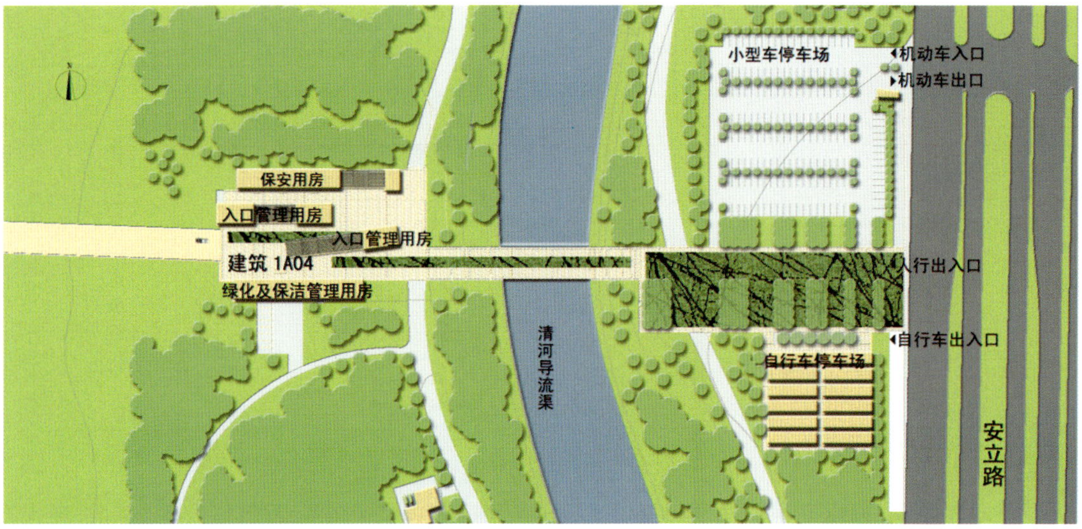

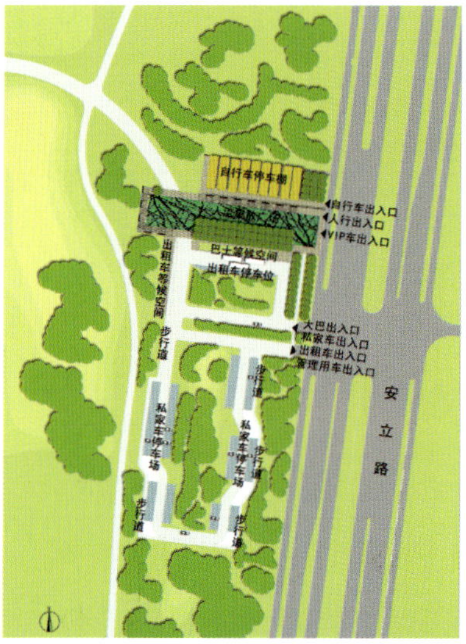

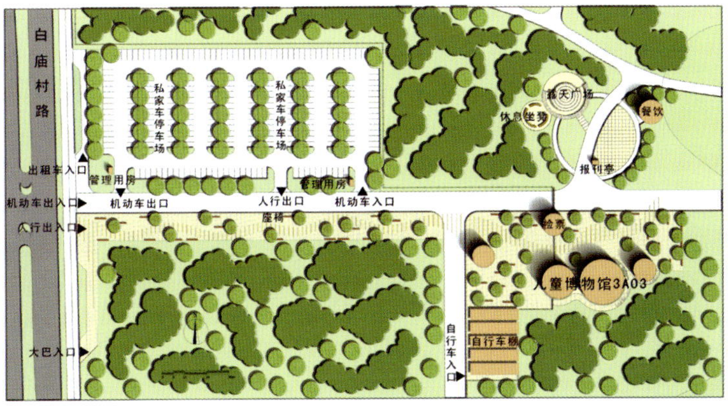

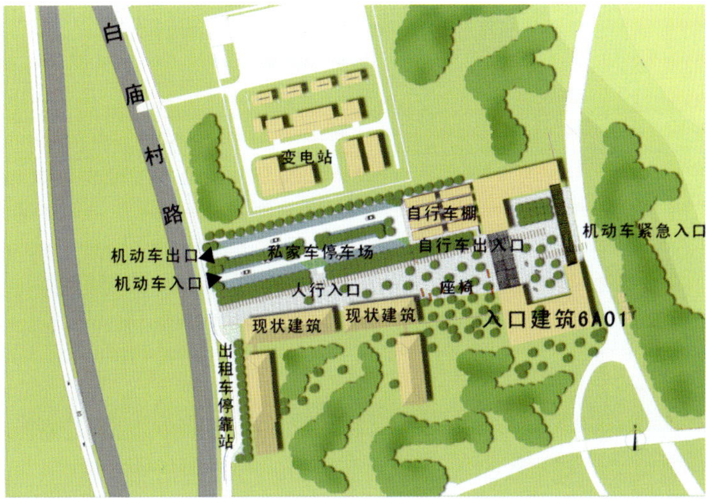

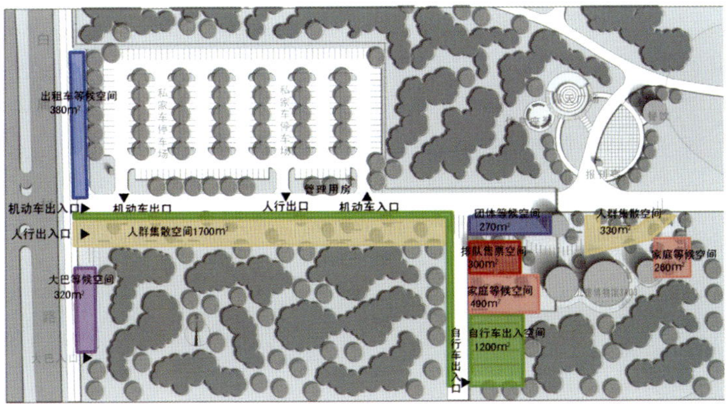

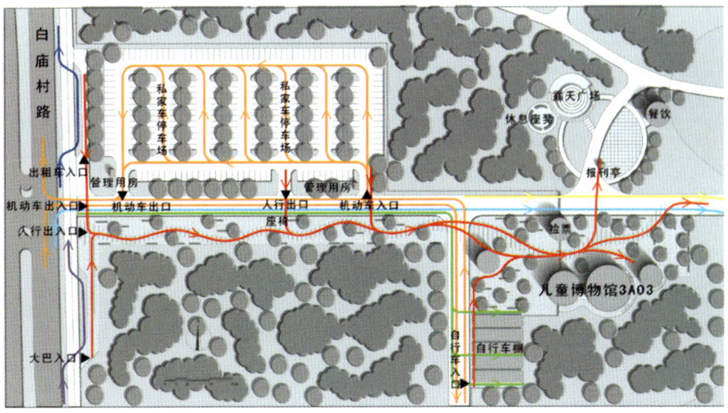

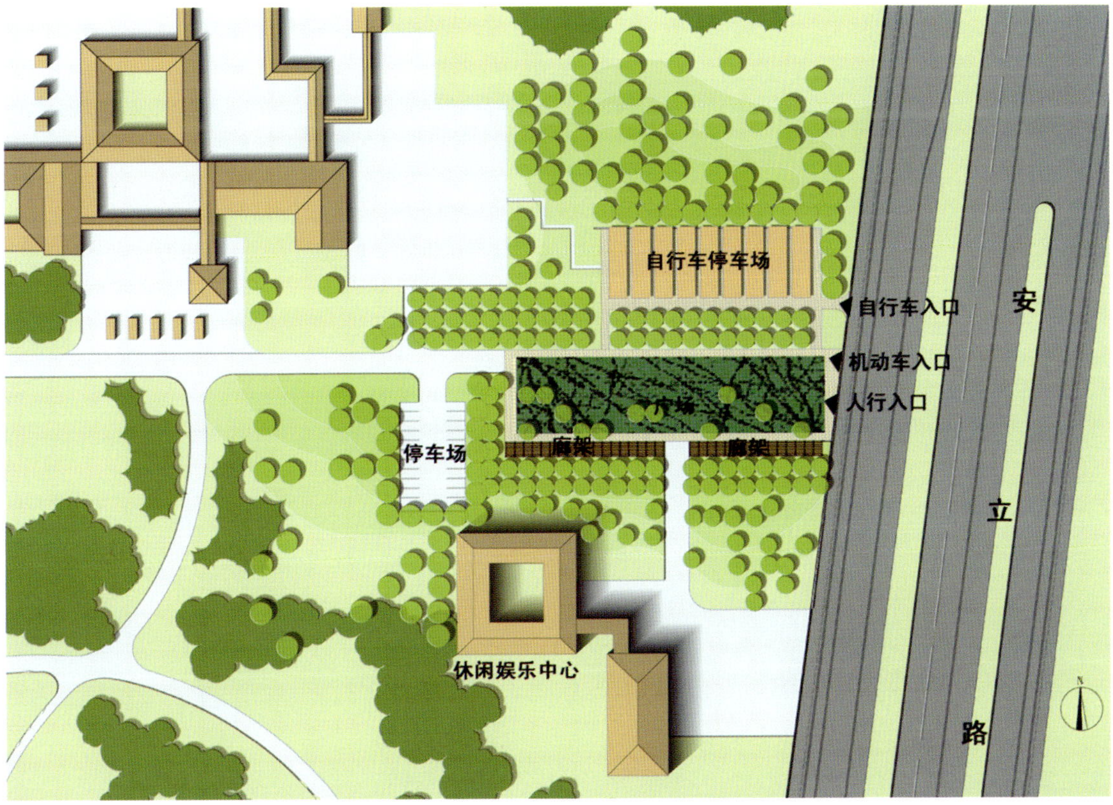

1 S4门区总平面图
2 N6门区总平面图
3 S4门区空间分析图
4 S4门区交通流线分析图
5 N3门区总平面图

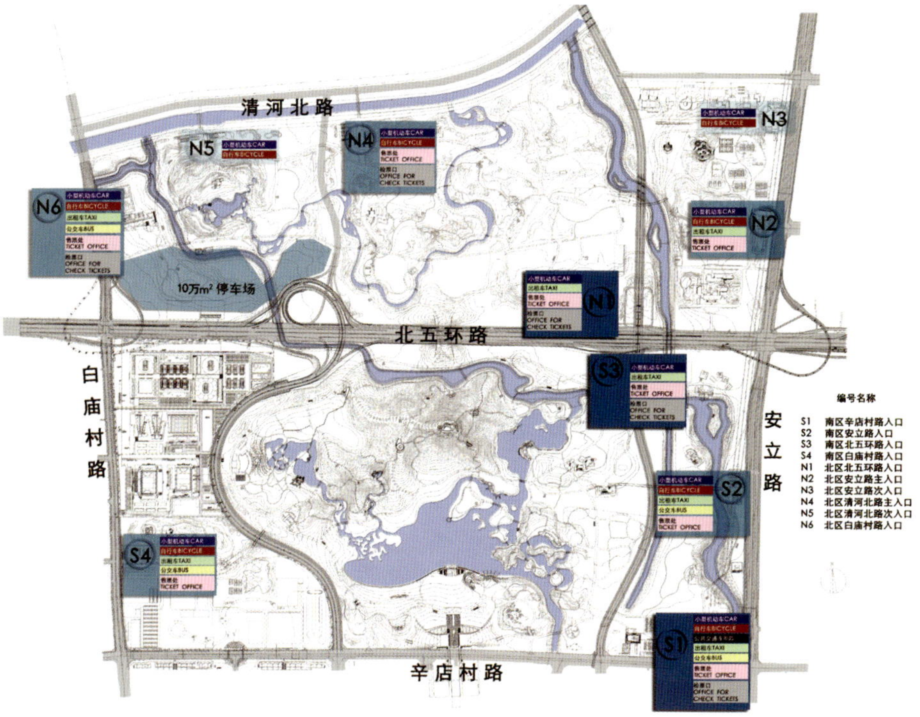

门区出入口功能分析图

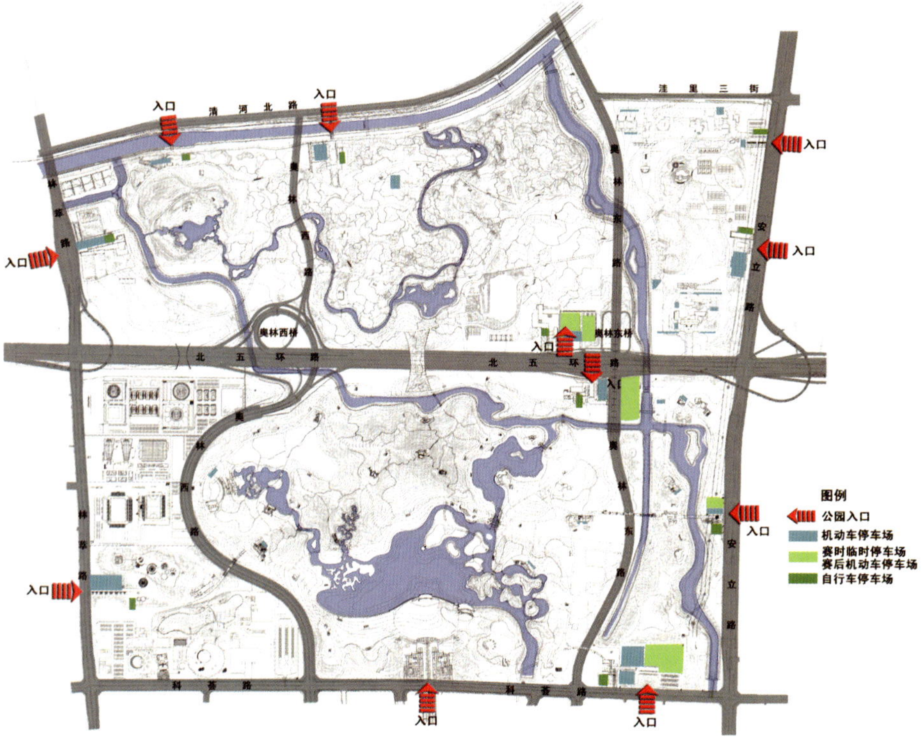

门区停车场分布图

综上所述，公园的出入口分为三个等级：一级出入口为主要出入口，出入交通量较大，也有多样化的机动交通方式，因此一方面需要便捷、通畅的出入通道，另一方面需要较大的出入口缓冲空间和停车空间。二级出入口为次要出入口，出入交通量较小，机动交通方式较单一，对出入通道和出入口缓冲空间的要求都较低。三级出入口为辅助出入口，主要为公园内部的非游客人员和车辆服务。

全园结合各出入口（除南入口、清河北街西侧入口等外）及园内人流集中区域设置停车场，提供普通停车位约3003个（其中各门区共2471个，其余分布在管理服务建筑周边），自行车停车场10处，总车位5831个。各门区设有大型车停靠站，旅游大巴车集中停放在公园北园西侧10万m²的停车场内，这个大型停车场在奥运期间作为北五环交通场站，是奥运会期间最大的交通场站，满足运动员班车、媒体班车、租赁用车、备用车、执行带道任务警用车辆集结停放的需求，承担着为奥林匹克中心区、奥运村、媒体村及主要场馆的交通服务工作。

奥林匹克森林公园的交通系统规划设计，不仅形成了完善、安全、生态的公园交通体系。更重要的是，公园的交通体系并没有独立于公园的其他系统，而是与公园的其他系统——尤其是公园的生态系统——共同满足了森林公园的功能要求和景观要求。

第六节 奥林匹克森林公园主要景观景点规划设计

一、仰 山

仰山是奥林匹克森林公园的主山，位于北京中轴线上，与西北方的西山遥相呼应，坐北朝南，呈"镇山之势"。森林公园的主山取名"仰山"，不仅使得"仰山"这一当地传统地名得以保留，更与"景山"名称呼应，暗合了《诗经》中"高山仰止，景行行止"的诗句，并联合构成"景仰"一词，符合中国传统文化对称、平衡、和谐的意蕴。明清的皇城以景山为屏障，而21世纪的新北京的轴线则以森林公园仰山为新的屏障。

仰山海拔高86.5m，相对高度48m。作为奥林匹克森林公园的最高峰，仰山的景观意义十分重要。

山体讲究"峰峦洞壑，绵延成脉，远观有势，近看有质，石无定形，山有定法"。《园冶》说："未山先麓，自然地势之嶙峋。"这揭示了自然山势和人工造山特别是土山在坡度方面变化规律之间的关系，人工造山应像自然山体那样，从缓到陡，具有山麓、山腰和山头的变化，而不应只顾一味追求山的高度和主峰的处理而忽略了山之底盘面阔、进深和山高之间的比例关系，否则不仅不自然，还会影响山体的稳定性。笪重光《画筌》反映了相同的认识："山巍脚远，土石交覆以增其高，支拢勾连以成其阔。"

基于对中国叠山艺术的深入理解，设计师为保证森林公园仰山的山形"有高有凹，有曲有深，有峻而悬，有平而坦，自成天然之趣"，在仰山主峰西南规划次峰，海拔高60.2m，相对高度28m，弥补了主峰南北进深不足的问题，丰富了山体效果。在主峰东南，主湖与碧玉公园湖区相连地段的水面规划一系列小岛，岛上堆山，丰富水景层次，同时增强山体的连绵感。在仰山西南，湿地区北侧堆筑近20m左右的小山，作为仰山之余脉；安立路西侧亦做微地形处理。最后，以仰山为主体的南园山系通过生态廊道跨过北五环路继续向北园延伸，形成一系列高5~10m的萦回曲折的低山丘陵，作为仰山的余脉，且与蜿蜒曲折的带状溪流相映成趣，营造山林清流的气氛。从南向北望去，仰山山峰高低错落，脉络相连，左急右缓，似有动势，绵延磅礴，以势取胜。主湖映于山前，使仰山山势更加磅礴，山形更添秀丽。

森林公园主要景观景点分布图

1	3
2	
4	

1 2 水闸仰山
3 从东侧遥望仰山
4 从清河导流渠遥望仰山

登山之路

二、奥 海

森林公园的主湖取名“奥海”，北京传统地名中的湖泊多以“海”为名，借“奥林匹克”之“奥”字，有奥秘、奥妙之意，命名为“奥海”，有“奥运之海”之妙。

在中国的神话与传统文化中，龙是最为尊贵与神圣的图腾，并总是与水结合在一起，森林公园奥海形如龙首，蜿蜒穿越整个奥林匹克中心区的景观河道宛若龙身，盘旋的龙尾环绕着“鸟巢”，“奥运中国龙”跃然显现。

三、天 境

天境，仰山顶峰，“人类是天地的产物，自然界的一部分。自然界有普遍的规律，人也要遵循自然的规律。人性即天道，道德与自然规律也是一致的。人生的理即是天人的协调”。通过对北京中轴线空间序列的深入研究，设计师最终在仰山顶峰塑造了形式简练、具有中轴线节点所应有的均衡感与秩序感的人间“天境”。

天境上29棵精心挑选的油松，象征着北京第29届奥林匹克运动会。高6m、重63t的泰山石，是天境的主景石，与仰山一起成为北京中轴线上的新地标。天境在高耸的松柏的环抱下映射天光流云，让游人恍惚间犹如置身花团锦簇的“天堂”。自然的天境观景平台，使游客可以停留俯瞰奥海，欣赏满目的绿色，回望北京中轴线，也是驻足、游玩、休憩之佳地。

奥海滩涂

1	2
3	4
5	6

1 2 龙形水系之首——奥海
3 4 奥海中的生活
5 奥海中放养的锦鲤
6 奥海落日

1 站在天境回望中轴线，"鸟巢"、"水立方"尽收眼底，远处景山依稀可见
2 纷纷选择在此留念的游人
3 天境入口
4 高6m、重63t的泰山石

四、朝花台与夕拾台

为增加仰山的景观丰富性，并为游客增加观景的节点，在仰山顶峰下的东西两侧次峰顶部各设一处平台，分别为朝花台和夕拾台。朝花台取境王籍诗词“蝉噪林逾静，鸟鸣山更幽”，夕拾台则取境歌德诗句“一切的树尖，全不见丝儿风影”，使游人在繁杂的都市中享受难得的清幽。

五、天 元

在奥海中位于中轴线位置上的湖心岛上设计了一滨水平台，平台伸入水中，是中轴线在进入仰山高潮前的一个前奏，也是奥海与仰山在景观序列上的一个过渡区域，同时为游人提供活动、观景的场所。天元与仰山景区的天境景点同处中轴线位置，两者遥相呼应。平台承“天境”的雄阔及天人合一的理念，形成一处以圆形为基本造型的汇聚广场，延伸至水边。从主轴画面上看，北侧是高耸的仰山，得高远之“势”；南侧是开阔的奥海水面，得深远之“意”；圆形平台四周波光潋滟，人声悠远，空气中弥漫着温和的水气，游人站在平台上犹如置身在一幅山水画卷的中心，得平远之“景”。

朝花台

夕拾台

天元——湖心岛上的滨水观景平台（本页）

六、林泉高致

林泉高致位于仰山的西南，将山体自然形成的谷地设计成一条溪涧瀑布，共设三潭两峰，全长约370m，由西向东汇入奥海之中，构成山水相依的空间格局。石峰上挂落飞瀑，蜿蜒而下，林荫中潺潺溪水，石径其间。山水林泉相映成趣。

水声四起的瀑布，层层跌落，势如白练；泻在潭里，激于石上，则喷珠溅玉，水气蒸腾，颇为壮观。水声如琴筑齐奏，宫商交响，使人心胸为之一畅，大有"高山流水"之意境，这激越的曲调是利用跌瀑创造出的声音景观。山谷本幽静，但因夹涧而产生了滴水之声和空谷回响的音响效果；涧水因跌落高差不一、落水潭深浅的变化有不同的音调。整个叠石轮廓清晰，体态自然，"宛自天开"。涧中石路迂回曲折，人行其间，上有茂林，下有清泉，别具清幽。

从生态上考虑，自然汇水面形成的小溪成为收集山体雨水的重要途径，雨水蓄积在湖中，经过闸门，汇入仰山大沟。仰山的双峰之间，涓涓溪流顺山势而下，在叠嶂的山石间碰撞、迂回。溪水时而湍急，时而幽缓，时而渗透石缝滴落，时而漫过山石跌入小潭，制造山环水绕的复合山水形胜。

1 林泉高致之堆山叠石
2 林泉高致之溪流
3 弄潮

七、湿地及叠水花台

奥林匹克森林公园全面采用中水作为公园水系及景观用水的补水水源，湿地系统的设计是公园水质改善系统工程中生态自然净化系统的重要组成部分，其主要功能是通过新型的景观化的复合人工湿地系统深度处理中水及循环湖水，与其他水质改善措施协同作用，为公园提供优质水环境，同时打造独特的湿地生态景观。

鉴于水处理系统对滞水时间的需求，湿地的设计主要通过延长水线和增加跌落以延长滞水时间。利用公园西南地势与奥海常水位之间10m的高差，设计师依山就势营造出宛如山间台地的人造自然景观——叠水花台，水流潺潺，鸟声啁啾。两侧的山体将外部声音与湿地内部相隔，使得整个湿地区域只闻鱼虫欢歌，不闻道路喧嚣。游人行走其间，大自然种种令人愉悦的声音沁入耳廓，带来美的享受。

在湿地中种植各类湿地植物，一方面营造舒适、优美而又生态的自然环境，另一方面使人们在游览过程中真切接触各类湿地植物，了解其生长特性以及生态功能以达到教育展示作用。

湿地从功能上可分为三大区域：温室教育示范区、湿地生物展示区以及游览区，其中湿地生物展示区根据湿地植物的自身属性分为沼泽区、浅水植物区、沉水植物区以及混合种植区。

沼泽植物区位于整个水系统的上游，以芦苇沼泽群落、香蒲沼泽群落为主体，种植相关伴生植物日本报春、落新妇、燕子花、黄菖蒲、荷花、泽泻、慈姑、花叶水葱、千屈菜等。

浅水植物区位于北侧，水流较为缓慢，符合浅水植物对于静水的要求，植物以槐叶苹群落、紫萍群落以及白萍群落为主，种植相关伴生植物荇菜、水罂粟、凤眼莲、萍蓬草、睡莲等。

沉水植物区位于东侧的生态鱼塘处，充分利用部分沉水植物适合做鱼虾饲料的特性，植物以菹草群落、苦草群落为主，种植相关伴生植物水毛茛、金鱼藻、水藓等。

混合种植区位于湿地生物展示区的中心，若干小岛的组合为植物提供了丰富的生长空间，根据植物对水深等条件的不同要求，种植观赏性较强的各类湿地植物，并通过植物的围合为野生动物提供栖息的空间。

水波粼粼映照着在水面摇曳的鸢尾花，贴近水面的木栈道设计，使游人近距离地观察水生植物的生长，欣赏水生生物的嬉戏。同时，在湿地的混合种植区设计了拦水设施——沉水廊道，是集游人通行与阻拦水流、减缓水速作用为一体的设施，沉水廊道两侧为挡水玻璃幕墙，廊道中部下沉至湖底，游人从低于水面的廊道上通过，视线可以从一个相当近的距离观察水生植物和动物，这将使游人贴近自然，容易了解水中不同的世界。

穿插在绿色中的的栈道

1 2 潜流湿地秋景
3 4 表流湿地景区

湿地景区保留的馒头柳与鸢尾的组合

建在水中的沉水廊道，为游客提供不一样的观赏视角

叠水花台，宛如山间台地（本页）

八、垂钓区

垂钓区位于湿地的南侧，是理想的观湿地景色的场所。垂钓区西侧是在原有碧玉公园的基础上改造而成的，具备较好的现状植被，设计时以各个小岛为界，形成以一种春花花灌木为主调树种的种植片区，由北至南依次为桃花区、紫薇区、玉兰区、丁香区、海棠区；东侧为原有别墅区，在保留原有植被的基础上，以合欢为主要树种，形成葱翠蓊郁的绿色景观。垂钓区中的垂逸台设计以"顺其自然，因地制宜"为根本，以生态为前提，引用中国传统干栏木楼的架空形式，造型别致，凸显亲水平台。

九、南入口

南入口是奥林匹克森林公园主入口，位于中轴线上，背靠仰山、奥海，以恢弘大气的山水景观作为背景，是公园在中轴线上的重要景观节点之一，被赋予了"通向自然之门"的意义，成为通向自然的轴线中城市环境与自然环境的转换点。

南入口中心广场的主要铺装面的宽度和尺度与景观大道的宽度和尺度相似，广场轴线的铺装为21m宽的石材，样式与景观大道一致，选用了天安门广场中轴线的铺装形式。中心广场两侧的廊架南北进深128m，高6~9m，在立面上成波浪型，暗合了山水的曲线，材料上选择了可再生材料木塑格栅，使廊架在视觉上轻盈大方、具有亲和力，同时为游人提供了大量的遮荫休息空间。广场上设置了足够的服务及休息空间，小卖、问讯、买票、检票、厕所等设施都设在廊架之下，便利而不破坏景观。

南入口的设计建设，不仅保证了中轴线景观的视野通透、空间开阔、景致大气，也为游客提供了全面的人性化服务。

垂钓区

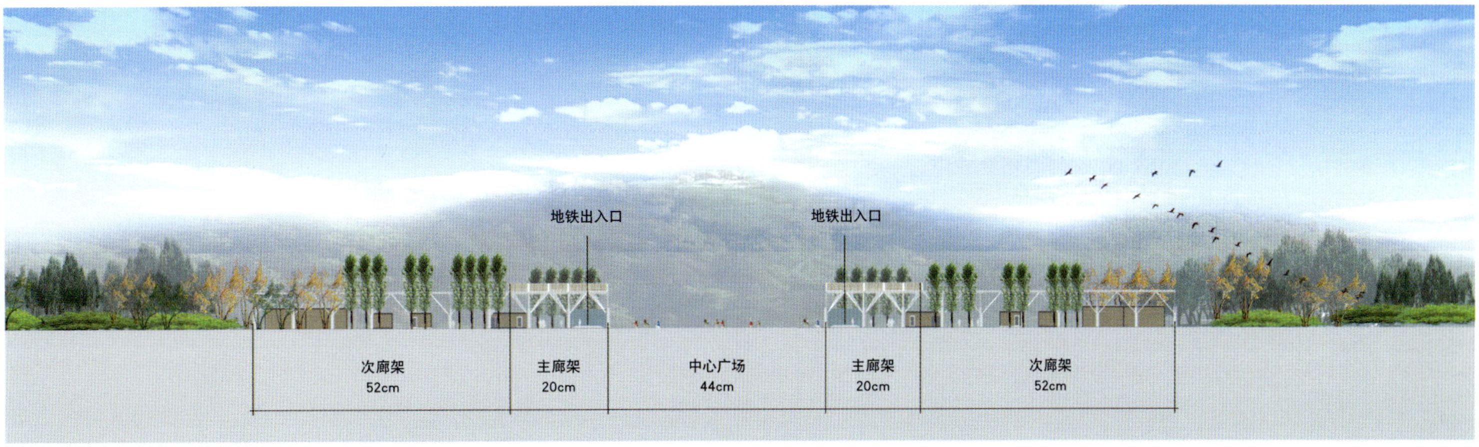

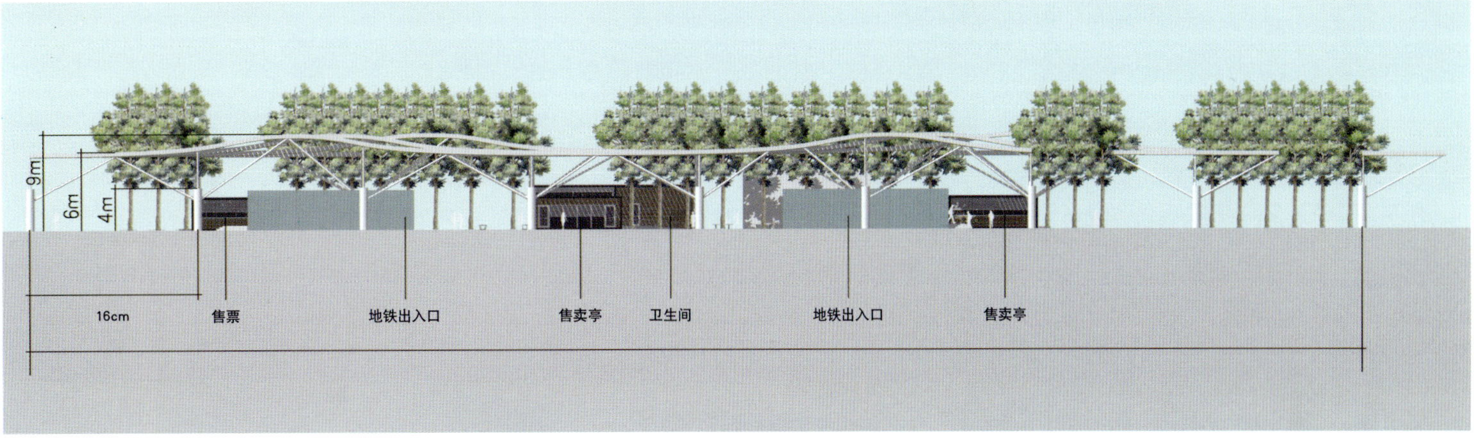

1 南入口廊架南立面图
2 南入口廊架东立面图
3 南入口广场上的泰山石，既丰富了广场景观，又表达了中国民间传统的祈求平安吉祥的美好愿望

OLYMPIC

	1	
2	3	4
5		6

1 泰山石
2 3 4 南入口廊架
5 南入口广场上的特色铺装
6 由南入口进出的游客

十、露天剧场

露天剧场位于南入口的北部，面积约4万m^2，可容纳2万人同时观看演出。露天剧场恰似龙口衔着的一颗宝珠，配合壮观的喷泉水景和山水舞台形成最为壮观的顶级户外演出场所，在奥运会期间可举办世界瞩目的演出活动，平时将成为市民休闲活动的草坪广场，可容纳多种多样的市民活动。

设计师曾对北京露天剧场的分布进行过调查研究：第一，北京露天剧场数量远远小于室内剧场，参照国外同等级城市，比例失衡，如德国柏林有3所歌剧院、150家剧场和剧院、130家电影院和400家露天剧场。第二，北京露天剧场规模普遍较小，难以适应城市大型演出集会活动的需要。第三，亚奥圈内仅有一个大型室内剧场——北京剧场，不能适应2008年奥运会的需要。因此，在森林公园中设计建设一个大型露天剧场是十分必要的。

森林公园露天剧场具有其独特的特点和优势：第一，森林公园露天剧场位于整个北京城的中轴线上，中轴线从北京的中心延伸到森林公园，在露天剧场形成一个陆地的终点，因此露天剧场所处的位置是中轴线上的关键点。露天广场又是中心区景观大道的北端，面对的是热烈的中心区景观。第二，露天剧场背靠仰山奥海，以恢弘大气的山水作为背景，奥海上独具特色的大喷泉为剧场增色。第三，奥海以南的这一大片草地地势舒缓，缓坡地势为观众提供了绝佳的面向舞台的视线，可以形成舒适的观演环境。同时，剧场有森林公园这道天然的屏障，与城市隔开，阻隔噪声，不会对周围城市产生不良影响。第四，森林公园南入口即是城市地铁车站、公交车站，同时靠近城市主干道，露天剧场与南入口比邻，具有良好的交通优势。从森林公园内部来说，剧场与公园主要道路相连，临近剧场东部不远处为码头，因此，剧场在公园内部有很便利的水陆交通条件。第五，奥运会期间，与奥运有关的演出活动都将在露天剧场举行，给剧场赋予了奥运的精神和文化。

因此，如果说大型室外公共演出空间是城市文化品位的象征，那么，露天剧场优美的环境和高水平的演出必能集中展现城市的特点和魅力。露天剧场具有强烈的文化辐射力，对周边发展具有带动作用，高知名度的大型演出也能够加强北京和国际的交流，增强北京的国际影响力。露天剧场的建设体现了人文奥运的理念，成为奥运文化的载体。

露天剧场主要由舞台广场、媒体区、观演区和地下建筑组成。

露天剧场平面图

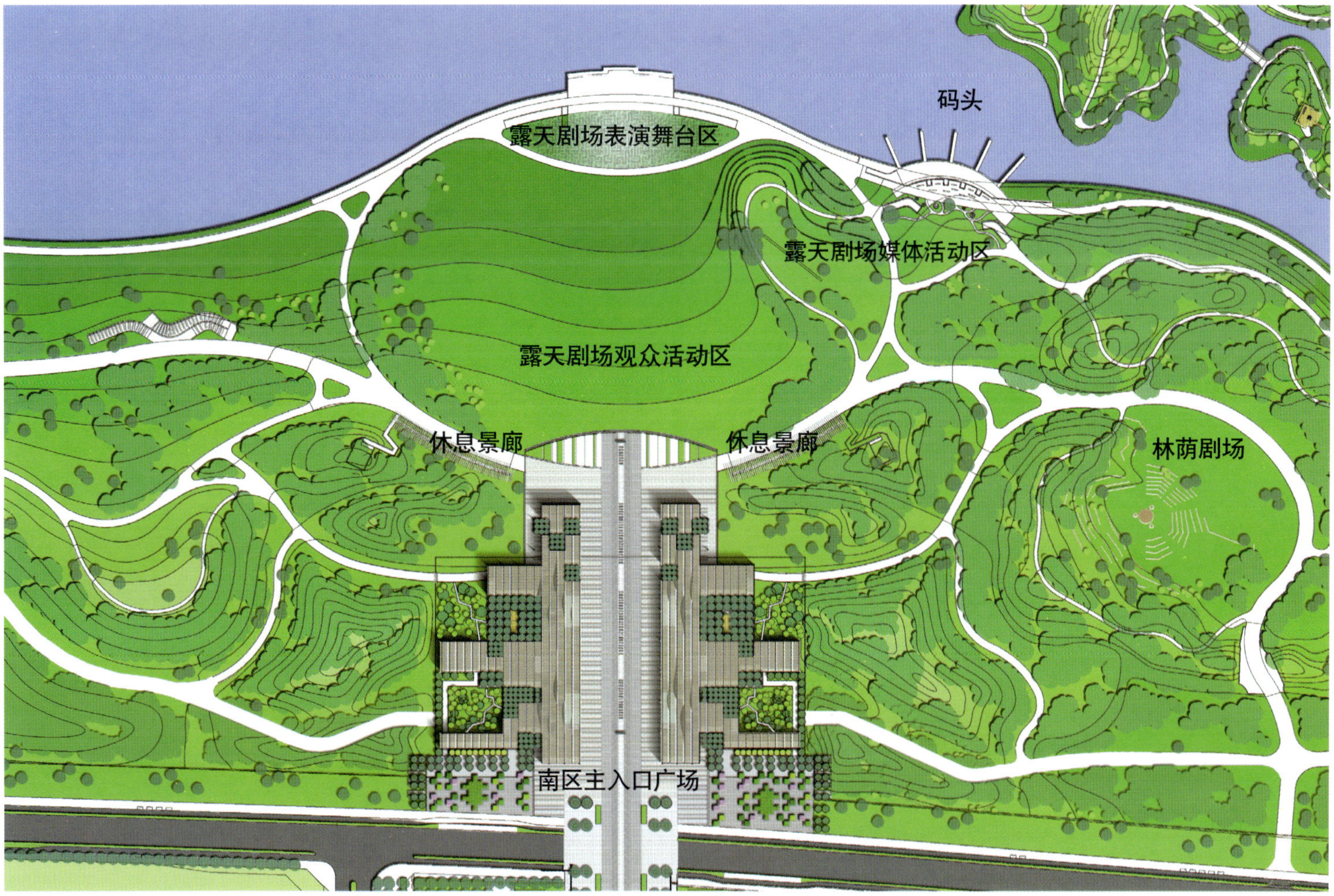

OLYMPIC

舞台广场位于露天剧场正北的奥海岸边，面积2600m²。舞台广场的铺装采用草地、灰色石材铺装和多孔透水草坪砖搭配形成具备中国古典特色的图案，图案中蕴含了云纹、回字纹、香印纹等，分别表达了吉祥、幸福、源远流长的美好寓意。广场地形基本持平，表演时的舞台全部临时搭建，以满足不同的需要，临时舞台设施可在搭建前储存在地下建筑中。地下建筑是举办演出的辅助房间，可供演员化妆休息、简单排练、会议、演出设备储藏等使用。

演出时，奥海南岸与辛店村路之间为演出封闭区，南部边界为森林公园围挡，北部边界为奥海，其余则在演出时使用临时围挡或警戒封闭措施。观演区为舞台南部的大草坪，周边有适当的树木围合。媒体区位于观演区东部，具有约5m的高差地形，并有树木围合，有利于采访、拍摄等媒体活动。露天剧场西南部设计林间小剧场，适合小范围的演出活动。

日常没有演出活动时，观演区作为休闲草坪使用，舞台广场作为滨水广场使用，地下建筑顶面做封闭处理，这样，露天剧场在演出时和非演出时，均可以得到充分利用。

同时，奥海中设计了多媒体水景喷泉，与岸上的露天剧场相呼应，达到相映成趣的独特效果，使整个森林公园的气氛更加欢快、生动，让观众与环境产生互动和共鸣。多媒体喷泉表演，令人耳目一新，能够吸引游客和市民，聚集人气，同时极大地增强了露天剧场的舞台效果。

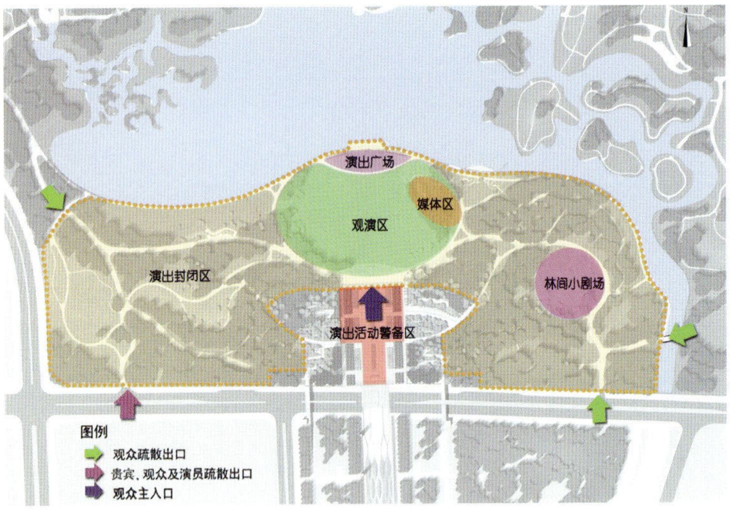

演出时场地利用规划图

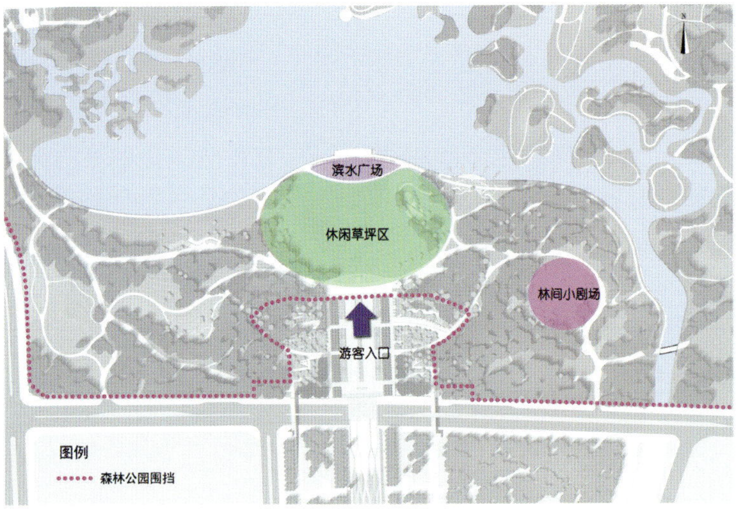

日常场地利用规划图

休闲惬意的露天剧场

十一、生态廊道

生态廊道是森林公园南、北园之间人车通行的重要联络通道，也是两景区间动物通行的惟一通道，宽60m，长218m，上跨北五环路，呈南北走向，位于北京城市的中轴线上，是森林公园的重要节点之一。

由于桥下净空限制和荷载限制，生态廊道采用30m+40m+30m的V形墩支撑的连续钢构形式，避免跨度过大。V形墩酷似分叉的树干，其下与承台基础固接，根植沃土；其上与箱梁固接，承载绿树和果实，形成下部高速飞驰、上部安详静谧的两条时空隧道，是当代城市高节奏运行和人们追求低节奏生活的缩影。

生态廊道荷载以填土为主，覆盖大量的植物，种植有常绿树木、落叶乔木、小乔木、灌木、地被植物等，保持了森林公园全园的种植风格，以群落方式种植，以复层种植空间为主。主体植物为北京的乡土植物，松树、槐树、紫叶李、碧桃、珍珠梅、迎春、金银木、荆条等乔灌景观植物相搭配，保证了植物的四季景观和空间搭配的景观均好性，成为具有优美景观效果的景点。

生态廊道上起伏的地形，既保证了植物、动物与昆虫生存所需的土壤厚度，如蝉的繁衍、地鼠的洞穴、蚯蚓的生存等，同时又丰富了景观空间。

生态廊道将森林公园从岛屿式逐步过渡到网络式，为孤立的物种提供了传播路径，保障了生物多样性，保护了物种及栖息地，有利于城市生态安全。生态廊道维护了城市生态绿地系统与格局的连续性，将森林公园连成一个整体。生态廊道开辟了立体的绿色空间，注重人的生存空间的优化和美化。

站在仰山顶眺望生态廊道

生态廊道上的植被

第七节 奥林匹克森林公园建筑规划设计

传统的公园建筑设计讲究"隐于山水之中、现于曲径之外"。作为一座以山水植被为主的公园，建筑虽然不是主角，但却是奥林匹克森林公园景观的组成要素之一，必须与公园景观融为一体，体现森林公园的总体规划设计理念。作为公园景观，森林公园对建筑自身的造型要求较高，因此在建筑造型设计、材料选择、空间布局等方面多有突破，力求简洁明了但富有新意。

公园内的建筑不仅讲究功能上"以人为本"——种类、数量、功能、布局等规划设计以游客需求为中心，更重要的是体现"崇尚自然"的精神，尊重场地，与地形、地貌及周边植被山水环境相结合。由于公园面积大，因此有必要对建筑进行分区主题性规划，以便为建筑及环境设施规划设计提供线索。

公园内的建筑按功能分为服务建筑、管理建筑、市政配套建筑等。根据建筑所处环境和场地的不同，又可以将园内建筑分为湿地建筑、滨水建筑、山地建筑、林地建筑等不同类型。森林公园内地形地貌丰富，有溪流河道、山体、湿地、草地、林地等不同的生态区域，园内的整体建筑布局须因地制宜，密切与场地特征和周边环境相结合，根据建筑功能，进行针对性的规划。根据建筑所处环境和场地的不同，可以将园内建筑分为湿地建筑、滨水建筑、山地建筑、林地建筑等不同类型。其中，湿地建筑和滨水建筑的主要特点是具有最佳的观景视野，因此建筑设计时如何使游人舒适、方便地观景是考虑的重点，同时，这些建筑位置显要，建筑本身又成为景观构图中的一部分，因此建筑外形的艺术性也是设计的重点。山地建筑和林地建筑的特点是周边树木茂盛，环境幽静，建筑材料的选择要与周边密林相呼应，建筑要尽量隐蔽在山林之中。

一、服务建筑

服务建筑设计充分考虑了建筑的位置、外形、颜色、结构等要素，结合建筑功能进行选址，以建筑位置所具有的自然条件，因地制宜地满足建筑采光、通风等基本要求，不仅使建筑本身的空间艺术性与周围环境协调统一，展示"隐于山水之中、现于曲径之外"的中国传统园林建筑总体布局的特点，同时使建筑的使用者感觉置身于自然美景之中。

1.湿地观景茶室

湿地观景茶室，占地369m^2，总建筑面积563m^2，位于仰山西北半山腰，其主要功能即为游客提供观赏美丽壮观的景观湿地景色。建筑外形呈梯形，宽边朝向湿地，大面积的窗户和平台，以满足观景需求，同时，在夏季游客量增大时，屋顶的平台成为最佳的休息空间。建筑的内部与屋顶均采用本色木材，使建筑融于自然环境之中，体现人与自然的亲和性。

2.滨水休闲咖啡厅

滨水休闲咖啡厅，占地1117m^2，总建筑面积1090m^2，位于原洼里湖，三面环水，是集观景、休憩、餐饮、后勤服务等多功能为一体的建筑。结合场地特征，建筑外形沿水岸线设计为曲面，并可获得最大的观景面。在功能布局上对建筑进行分散布置，设置大面积观景平台和多方位活动空间，减少建筑体量，减轻建筑对环境的压迫感，同时给游人提供了形式多样的休憩观景空间。

服务建筑分布图

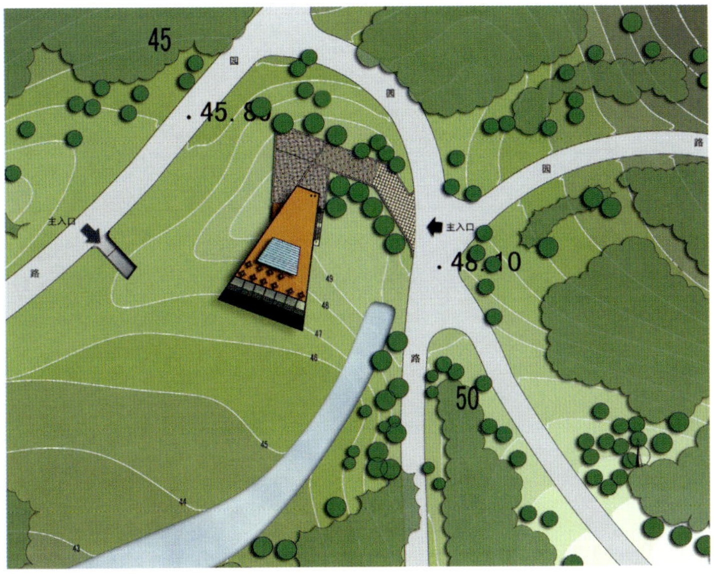

1 2
3
4

1 观景茶室平面图
2 滨水休闲咖啡厅平面图
3 4 观景茶室

滨水休闲咖啡厅（本页）

3.森林艺术中心

森林艺术中心，占地2070m^2，总建筑面积2688m^2，位于现状保留片林深处，周边树木长势良好。建筑设计充分尊重场地密林环境的特点，在树与树、林与林之间寻找空间以形成建筑形态，创造深林幽境、树影婆娑的空间感受。建筑材料选择一实一虚两种主导材料，普通灰砖墙为实，是主要的展示空间，玻璃框架为虚，是各种服务空间，虚实结合，与四周景观相呼应。

4.垂钓中心

垂钓中心，占地737m^2，总建筑面积920m^2，位于原碧玉公园河滨，具有渔具商店、餐厅、垂钓中心俱乐部、休憩观景等功能。建筑设计遵从"顺其自然、因地制宜"的整体设计理念，在布局上进行适当分散布置，避免大体量的建筑破坏环境，同时为大面积室外平台和活动场地的设计预留空间，仿佛"漂浮"于水面之上的室外平台方便游客垂钓和观景。各个单体建筑之间由园路连接，路两侧是保留的现状高大乔木，郁郁葱葱，使建筑融汇在绿树碧水之间。建筑材料以毛石、木塑等接近自然的材料为主，力求体现中国人素雅的审美情趣，植草屋面使建筑与环境浑然一体。

1	2
3	4
5	6

1 森林艺术中心平面图
2 垂钓中心平面图
3 4 密林环绕的森林艺术中心
5 6 融汇于绿树碧水间的垂钓中心

5.游客服务中心

游客服务中心，占地499m²，总建筑面积540m²，位于仰山北面山脚之下，背倚仰山，隐藏在高山绿树之中。由于建筑场地环境终年相对阴冷，故建筑材料上选择红色木塑材料，力图为环境带来一些温暖感，从仰山顶俯瞰时，该建筑仿佛浓密丛林中的一件红色抽象雕塑。建筑设在39m和45m等高线之间，利用地形高差设计为两层，建筑出入口位于一层，主入口与园路相连，次入口与山间小路相接，二层是主要的公共空间，利用坡道丰富空间格局，而建筑以北的平整场地是供游人休息的室外空间，游人可在此尽情呼吸森林中的新鲜空气。

6.覆土服务中心

覆土服务中心总建筑面积347m²，在自然地形起伏比较大的地段采用覆土建筑形式，可以保证现状地形的连续性不被破坏。建筑屋面的覆土厚度以满足灌木和地被生长为准。建筑功能包括公厕、问讯、零售等。

1 游客服务中心平面图
2 3 犹如红色抽象雕塑的游客服务中心

覆土服务中心平面图

覆土服务中心照片

二、管理建筑

管理建筑作为森林公园内管理人员的办公场所和对游客聚集场所实施管理的必不可少的设施，具有自身的特点，这是选址时考虑的首要因素。同时，设计师对管理建筑的结构进行大胆突破，一改方方正正的办公楼状态，将建筑结构适当拆分重组，并对部分建筑进行主题设计，使之与环境宛若一体，和谐统一。

1.绿化管理公司和保安管理公司

绿化管理公司，占地1600m²，总建筑面积3342m²，保安管理公司，占地846m²，总建筑面积1580m²，两座建筑位于南园东部，毗邻北五环，地势平坦，周边为大片树林环抱，自然景观良好，并与园路相连。

根据建筑与自然环境协调共生、建筑融入自然景观之中的设计原则，绿化管理公司将面积相对较大的建筑空间化整为零，分成三栋互成角度的“U”形建筑；保安管理公司取河畔边、树丛中的“石块雕塑”这一意象形成建筑方案。两处建筑均探求以简洁的修辞语汇适应高质量办公空间的需求，形式上吸取树林中参差的树干肌理为意象，使建筑和周边环境贴近、融合。两处建筑通过内外庭院和室外露台，为办公人员和游人创造了半开放的

管理建筑分布图

室外休闲场所，也将外部的自然景观纳入到建筑空间之中。建筑主入口附近均设有停车场，交通便捷。采用混凝土框架结构系统作为建筑结构，强调办公空间的通用性原则，使内部的办公空间的划分具有一定的灵活性。

2.保洁管理公司

保洁管理公司，占地1115m^2，总建筑面积2306m^2，位于北园，建筑南北均与一级园路相接，交通便利。建筑以"萌芽——树枝"的春的主题进行设计，综合垂直和平行等高线，呈树枝型展开，在建筑院落和入口附近种植海棠，起到画龙点睛的作用，而在道路两侧种植国槐等，遮挡建筑外由于地形因素产生的不利景观。

建筑办公部分采用双层墙面，外墙面为玻璃，内墙面为木质格栅推拉门，既能掌控建筑的进光量，又能控制通风量，也体现了中国南方古建筑（尤其是徽派）的格栅门意向。

3.西分区管理中心

西分区管理中心，占地1021m^2，总建筑面积1573m^2，靠近一、二级园路交叉口，交通便利。建筑以"秋"为主题进行设计，根据管理建筑的性质，采用较简单的几何造型穿插，提供高效的使用空间。通过一条从树丛中穿出的橙黄体块，体现秋的意境，同时也形成一个醒目的标识，给人一种从树丛中生长而出的意向。现代主义的风格，结合木材和混凝土的建筑材料，力求和环境取得良好的对话。建筑的西侧采用厚墙和室外百叶窗阻挡强烈的西晒，东侧留出宽敞的廊下空间为使用者提供良好的休息环境。

1 绿化、保安管理公司平面图
2 保洁管理公司平面图
3 保洁管理公司

1 西分区管理中心平面图
2 3 西分区管理中心实景

4.东分区管理中心

东分区管理中心，占地1371m²，总建筑面积1858m²，以“组合模块”为基本设计框架，同等模数、简单朴实的建筑造型以及大型廊架的虚实构成，体现了建筑灵活自如的实用机能。清新的色彩和透过树林洒在纯净墙面和玻璃上的斑驳树影将人们自如地引入到了森林公园的气氛之中。

建筑布局采用多功能组合的方式，空间划分具有较大的灵活性，设有小卖部、信息中心、小型咖啡厅、茶室、管理用房、公厕等，突出了内部空间的实用性。同时，在建筑之间以遮荫棚架连通，既提供了室内外过渡的虚空间，又为游人提供了休憩遮荫的场所。大量室外木塑平台和特色的石笼墙的应用，是建筑室内风格的延续。周边高大乔木由内向外延展，使建筑和环境有机融合，游人随处都能感受自然的亲近。

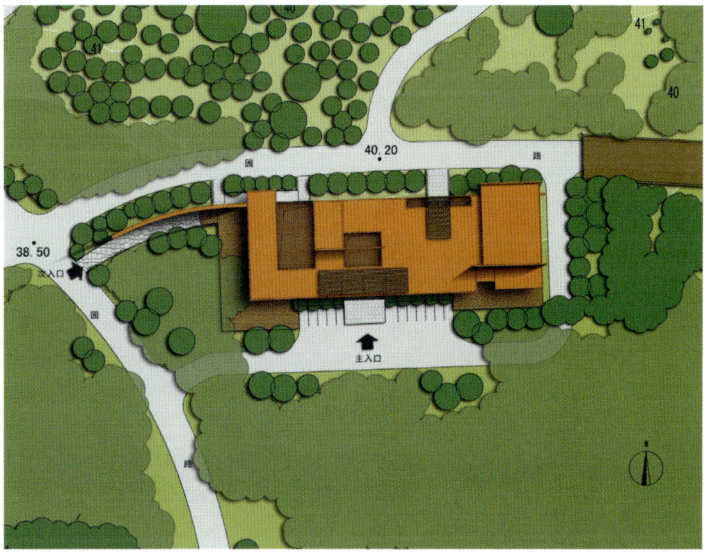

东分区管理中心平面图

东分区管理中心照片（本页）

5.北园分区管理中心

北园分区管理中心，兼作森林音乐厅，占地457m²，总建筑面积914m²，紧邻儿童休闲娱乐区以及篮球场等年轻人聚集的场所，因此建筑设计考虑为儿童、青少年提供一个健康的休闲场所。建筑以“融化的冰块”为主题，充分配合“春”的概念，强调一种酝酿中的活力。采用透明材质，在不同的光源下呈现出不同的效果，光影效果层次丰富。建筑分为两层，不硬性划分空间，而是采用隔板进行自由平面划分，首层在划分后可以包括演出准备间、设备间、员工用房、卫生间、仓库等，二层包括CD售卖店、小型咖啡厅等。该建筑可以承接小型的音乐会以及时装发布会，在建筑外围设有弧形的看台，可供人们休憩和观看表演。

6.码头管理中心

码头管理中心，占地88m²，总建筑面积88m²，位于原洼里湖，背山面水，环境舒适，视野开阔，是一处绝佳的观景点。根据场地条件，建筑以大开大合的造型、舒展通透的空间为旨，既满足登船、泊船的功能之需，又有大范围的开阔视野。建筑材料选用毛石、木塑等接近自然的材料，人字形屋面为木质格栅结构，与维护结构游离开来，使建筑完美地藏于树林之中，隐于湖泊之畔。

1	2
3	4

1 北园分区管理中心实景
2 北园分区管理中心平面图
3 码头管理中心实景
4 码头管理中心平面图

环境舒适、视野开阔的码头管理中心

7.覆土码头管理中心

覆土码头管理中心，总建筑面积1213m²，是一座覆土建筑，处于龙形水系的咽喉之处，靠近公园南主入口，是观赏公园大山大水的绝佳之地。建筑选址与周边地形紧密结合，整体建筑隐藏在场地之中，在等高线起伏之间获得空间。建筑屋面上是与周边环境完美融合的自然景观，现状保留的大树茂密成荫，并结合园路设置了自然山石，让游人只感身处密林之中，不觉立身建筑之上。建筑两侧被挡土墙围住，当游人拾阶而下时，才会看到建筑真面目，建筑前大面积的木塑平台，既可满足船只停靠的需求，又为游客提供了驻足、休憩、观景区域，同时建筑临水面也采用了大面积的景窗设计，将观景功能发挥至极致。

8.天境展厅

天境展厅，总建筑面积169m²，为覆土建筑，不破坏天境的自然景观，满足展示功能，也是贵宾、客人的休息区域。

1 覆土码头管理中心平面图
2 3 隐藏在场地之中的覆土码头管理中心

OLYMPIC

三、市政配套建筑

市政配套建筑主要是满足公园功能性要求，包括公共卫生间、泵房、垃圾废物处理站等。对这类建筑的规划设计，首先考虑的是环境保护因素，在选址上充分考虑使用的方便性及减少对周边环境的不良影响。

1.绿色垃圾处理中心

绿色垃圾处理中心，占地2114m²，总建筑面积2336m²，位于北园东北角，远离公园中央区域，邻近马路，交通便利。

该项目主要由以下几部分组成：

废物稳定化区：是核心部分，也是最有可能产生污染的地方，故将其设在厂区主导风的下风向，并且有主干道横穿，交通便利，沿道路两侧按逆时针方向依次布置原料堆放场、预处理车间、中央控制室、一次发酵车间、熟化车间等。

生物过滤池：用于堆肥气体的过滤、净化，严格控制其污染公园内的大气环境。

管理中心：布置在入口道路左侧的狭长地带，远离废物稳定化区，环境卫生条件较好。

为便于生产管理，方便车辆进出作业，在入口道路两侧还布置地磅、水泵房、高位水箱、围墙、大门、场区道路、停车场、洗车场等。

2.公共卫生间

园内的公共卫生间采用统一的平面布局和一致的外观色系，使其具有良好的可识别性和统一性。外墙采用青灰色的青砖和石材，以不同的砌筑方式形成不同的外观肌理，使全园公共卫生间既风格统一又不单调。通过采用多种生态污水处理设施、节水洁具等，实现公园污水零排放的目标。建筑采用热压自然通风，冬季利用太阳能采暖，将公厕建成绿色环保建筑。同时，在南主入口两侧设计了覆土公共卫生间，使建筑消失在地形之中，达到与环境的和谐，且这两处卫生间面积较大，以满足南入口游人量大、停留时间长等特点。

3.喷灌泵房

园内的灌溉泵房，充分利用地形条件，采用自然简洁的外观，融入周边景观环境之中，成为公园内不引人注目的辅助建筑。通过采用隔声性能高的、可再利用的混凝土石笼墙、物理减振、自然热压通风、冬季太阳能采暖等措施，将泵房建成绿色环保建筑。

市政配套建筑分布图

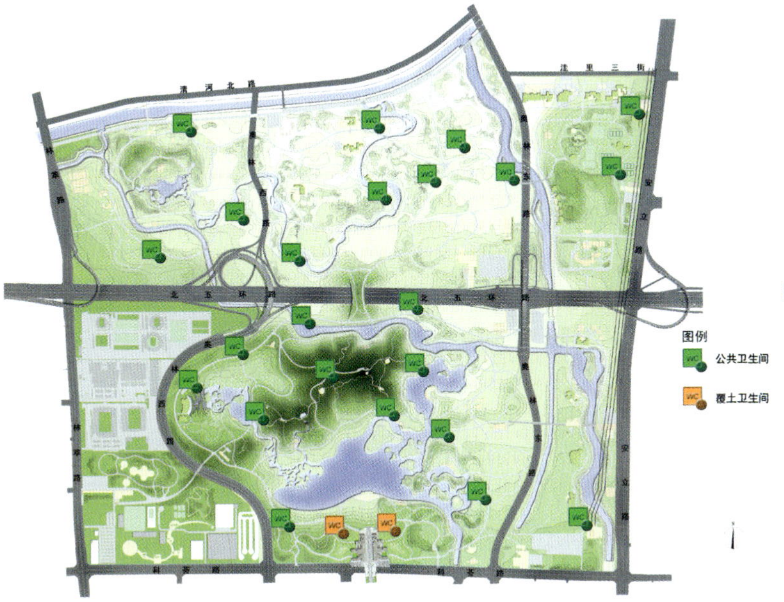

全园公共卫生间分布图

全园喷灌泵房分布图

1	2
3	4

1 公共卫生间
2 覆土卫生间
3 4 喷灌泵房实景

OLYMPIC

四、生态水处理展示温室

（又名可持续发展教育中心）

生态水处理展示温室是园内的一座具有特殊性功能的建筑，占地2118m²，建筑面积2600m²，位于湿地景区，紧邻叠水花台，既具有优美的环境景观，同时该建筑也是园内重要的景观景点之一。

由于紧邻的叠水花台平面呈"S"形，建筑周边道路呈流线形，故温室建筑造型呈高低四部分组合，与周边环境的肌理相呼应，并以错动的平面曲线与周围环境产生暗合，以层叠错落的建筑形体产生建筑自身的韵律。温室外墙选用通透的玻璃幕墙，使室内外景观形成一定的连续性。

温室是公园水质净化生态技术的展示平台，为游人提供一个了解自然生态系统功能和接受环境保护教育的场所，因此被命名为"可持续发展教育中心"，具有展示、参观、交流、学习等功能。温室每天可处理再生水600m²，出水水质达到《地表水环境质量标准》（GB3838—2002）的Ⅲ类水体水质标准，这是温室区别于园内其他建筑的特殊功能。

温室室内景观采用中国园林式设计手法，引入热带植物、景石等自然造景要素，力求创造一个集展示科学性与景观趣味性于一体的现代温室庭院。室内的游览路线顺应水净化流程展开，参观步道临水而建，并设有展览区与学习交流区，便于游客和专家学者在此交流学习。

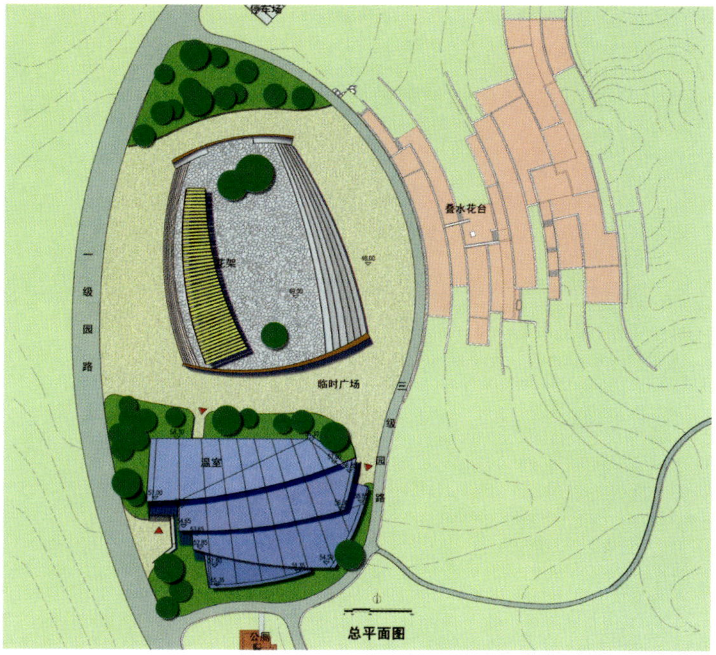

温室总平面图

温室外观

1	
2	3
4	5

1 2 3 4 温室室内景观

5 具有展示功能的参观步道

五、门区建筑

森林公园门区建筑全部采用“组合模块”的基本框架，简单朴实的建筑造型与大型廊架互为虚实，以6m为基本模数，建筑中涵盖了售检票、小卖部、信息中心、餐饮、管理用房、公厕等灵活组合的实用功能，廊架的连通提供了室内外过渡的虚空间。

门区建筑设计结合了春、夏、初秋、深秋、冬五个季节理念，通过对建筑材料、建筑周边植物等的精心选择，力求体现相关季节的印象和氛围。当这个季节过去的时候，一些建筑元素依然展示着逝去季节的蛛丝马迹。

1.代表“春”的门区建筑

位于安立路的S2、N2、N3门区以“春”为设计主题，以树影为模版，采用四种深浅不一的绿色铺装形式。三个门区分别种植不同的主题植物以象征春天，S2门区的主题植物是观花植物樱花、玉兰，N2门区的主题植物是碧桃，N3门区的主题植物是海棠。

S2门区建筑面积640m^2，廊架面积393m^2。为了展示“春”之特性——生命的发展，在粉红色樱花的背景映衬下，绿色的花岗石铺地材料延伸到建筑外墙面，与木制百叶窗结合创造出温暖的对比效果。

2.代表“深秋”的门区建筑

位于白庙村路上的S4、N6门区以“秋”为设计主题，采用银色金属带状铺装形式，分别以观果植物核桃、秋色叶植物五角枫为主题植物，象征着丰收的秋天。

N6门区建筑面积2510m^2，廊架面积792m^2，门区建筑采用深色外立面，从建筑底部长出金属树茎，单片飘零的树叶固定在墙面上，犹如特殊设计的窗帘，地面上同样是“飘叶”的铺装，处身于此，即使在寒冷的隆冬，也能让人回想起金秋美景。

门区建筑设计概念分析图

代表“春”的S2门区建筑

代表“春”的S2门区建筑立面图

代表“深秋”的N6门区建筑立面图

3.代表"初秋"的门区建筑

位于北五环上的S3、N1门区以"初秋"为设计主题，采用黄色天然石铺装形式，以观叶植物银杏为主题植物。

N1门区建筑面积2119m^2，廊架面积1604m^2。设计师抓住夏秋之交闪亮的色彩特点，使用深黄色、浅褐色、棕色，给人以耀眼初秋的感觉。建筑立面采用黄色面砖，看起来贴近自然，与接缝的强烈对比在建筑表面形成有趣的阴影，粗糙的质感给人以质朴的感受。百叶窗使用木或铝制成，纹理向不同方向延伸。银杏树作为一种景观元素，与黄色花岗石一起强调了这一地区的气氛。

4.代表"冬"的门区建筑

位于清河北路上的N4、N5门区以"冬"为设计主题，采用深浅交错的水纹铺装形式，以观叶植物油松为主题植物。由于目前北园不对外开放，故N4和N5两个门区缓建。

代表"初秋"的N1门区建筑立面图

代表"初秋"的N1门区建筑

代表"初秋"的S3门区建筑

六、桥梁设计

为保证森林公园人流、车流的顺畅、最大可能保证游客游览的高舒适度以及保证优秀景点的最佳观赏效果，在水岸间、溪流间等特殊交通节点，建设具有提升周边环境景观、人文景观的通行桥梁，是公园桥梁设计的主要目标。

森林公园内的桥梁设计遵循以下原则：桥梁设计与自然景观相互协调、充分体现和谐与生态的主题；设计造型隐含民族传统文化符号，与森林公园内的其他构成要素共同体现中国传统山水园林的精妙；桥梁安排因地制宜，节约投资；桥梁总体结构简练合理、紧密结合现代桥梁技术。

森林公园内共建设桥梁63座。按桥梁功能分为车行桥和人行桥，车行桥30座，其中南园18座，北园11座，生态廊道1座；人行桥33座，其中南园18座，北园15座。车行桥以功能性、负荷载重为主导，要满足大型车的荷载，可为车型较大的森林管理、维护用车以及消防用车提供服务。相比之下，人行桥的设计则更多地考虑与周边环境的和谐以及建成后所形成的人文景观氛围。按桥梁形式分为梁桥、钢构桥、拱桥等。

1.车行桥

位于南园绿化管理公司南侧的车行桥，南北跨清河导流渠，采用弧度较小的桥拱，除可以保证车流的顺畅外，还可以保证汛期水系排洪的需要。该桥与一级园路相连，是公园主干道的重要组成部分，紧邻景区，面向跌水和码头，有较好的景观视野。因此在设计时充分考虑了游人在桥上停留的时间和空间，并保证桥体设计充分满足最大荷载要求。桥梁栏杆采用防腐木的材料，突出自然古朴的风格。

位于南园林泉高致西南侧的车行桥，紧邻岩洞茶室。该区域地势平缓，岸边与水面高差不大，故采用梁桥形式跨过狭长水道，将水闸隐藏在桥体下。该桥面向较宽阔的水面，有较好的视野，在桥体周围主要为灌木与草坪搭配的开阔视野景区。该桥上有茂林，下有清泉，涧中石路迂回曲折，别具清幽。

位于南园原碧玉公园内的车行桥，是连接碧玉岛屿间的景观水体车行桥。桥长120余米，是园内最长的一座车行桥。由于原碧玉公园的现状植被状况良好，并有较开阔的水面，所以站在桥上，有较好的景观视野，并可观赏两岸特色的景观建筑。

1	2
3	4

1 全园车行桥分布图
2 全园人行桥分布图
3 位于绿化管理公司南侧的车行桥
4 位于林泉高致西南侧的车行桥

位于原碧玉公园内的车行桥

位于原碧玉公园内的车行桥

2.人行桥

湿地景区是南园独具特色的生态景观区域，这里水面蜿蜒、多变，岛屿交错，以三级园路和人行桥为主，湿地景区的小景观气氛营造尤为重要。位于叠水花台东南侧的人行桥，以防腐木为原材料，与贴近水面的湿地观赏木栈道相结合，使得游人可以近距离地观察水生植物的生长，欣赏水生生物的嬉戏。考虑周围的近水自然环境，整个桥体为原木色，采用木制扶手与护栏，给人源于自然、融于自然的质朴感觉。

位于叠水花台东侧的人行桥，连接了湿地的水生植物区和湿生植物区两部分。该桥为钢结构拱桥，主要承受人行荷载，风格清爽简洁，亮白的桥体、原木色的防腐木扶手相结合，使该桥与周边环境浑然一体，成为湿地景区内的又一亮点。

位于垂钓区内的人行桥，采用钢筋混凝土结构技术，使传统的拱桥形式具有更大的负载力，拱桥的外形具有更大的可塑性。该桥与周边大面积的水景、水生植物及花灌木相呼应，视野开阔，并成为林间的秀丽剪影。

位于垂钓区内的人行桥

1
2
3

1 位于垂钓区内的人行桥
2 3 位于叠水花台东侧的人行桥

七、景观亭廊

森林公园南园共有亭廊9处，分为木结构、钢结构、膜结构三种形式。而北园的亭廊将于后期进行建设。

亭廊设计主要遵循结构简单、便于组合的原则，充分考虑游人休息时的遮荫、避雨等需求，因地制宜地设置亭廊，使亭廊与公园总体景观气氛统一融合。

1.木结构亭廊

园内的木结构亭廊整体造型粗犷，富有原始气息，与公园的整体风格一致。亭廊由4m×4m的正方体单元组合而成，整体结构为防腐木，基础部分为混凝土，配合石质木板座椅，顶面为完全开敞和木条栅格相结合，形成不同的阴影效果。

2.钢结构亭廊

园内的钢结构亭廊最初灵感来源于植物叶子的形状，由一个基本的单元组合而成，每个单元在结构上是独立的，各单元能够方便的以圆形、线性等各种方式组合以适应场地的需要。简洁的钢制结构，白色的亭廊，在红花绿叶的映衬下显得轻巧、舒适。

3.膜结构亭廊

膜结构是用高强度柔性薄膜材料与支撑体系结合形成、具有一定刚度的稳定曲面，能承受一定外荷载的空间结构形式。膜结构亭廊造型自由轻巧，具有制作简易、安装快捷、使用安全等优点。

4.电瓶车站点亭廊

为方便游人，森林公园沿主干道布置了电瓶车游览路线，在靠近景点的园路边设置了电瓶车停靠站点。电瓶车站采用不完全闭合的亭廊形式，两面围合，着重考虑视线的通透性及亭廊与环境的融合性，凸显轻巧、自然的特性。亭廊以钢架、钢丝网为主要材料，顶面采用钢丝网与防腐木相结合的手法，互为虚实，钢丝网也为爬藤植物提供了生长条件。电瓶车站为游人提供了遮荫、避雨的条件，使游人在等候时也可随时、无障碍地欣赏园内风景。

森林公园的建筑规划设计，完全将建筑、人与自然相结合，古人寻找的"万绿丛中一点红"的意境，在森林公园的建筑规划设计中得到了充分的体现。这样的结合远远超越了景观的组合，实现了建筑功能不仅满足使用者的需要，也通过环保设计满足了自然的需要，可以说这是现代设计师对"天人合一"的新的诠释。

南园亭廊分布图

造型粗犷的木结构亭廊

简洁的钢结构亭廊

轻巧的膜结构亭廊

电瓶车站

第八节 奥林匹克森林公园照明规划设计

一、照明规划设计参照标准

《奥林匹克森林公园景观设计》

《道路照明标准》国际照明委员会（CIE）

《城市道路照明设计标准（报批稿）》

《建筑照明设计标准》GB50034—2004

《限制室外照明装置干扰光影响指南》（CIE）

《推荐滨水照明措施》北美照明工程学会(IESNA)

《北京城市夜景照明技术规范（征求意见稿）》

这些标准是将国际顶级参照标准与国内领先参照标准相融合，按此标准进行森林公园的照明规划设计，不仅可以建立起一流的照明系统，而且也符合我国的实际国情，将我国先进照明技术表现得淋漓尽致。

二、照明规划目标

森林公园照明规划的总体目标：制定长期有效的总体规划，指导有序统一的照明建设。统一公园内部灯具、灯杆样式和安装方式，总体规划照明控制方式，保证公园夜间景观在视觉及表现上的统一。

保证使用者在夜间感知与辨识不安全因素，是照明设计首要考虑的因素，因此需要充分发挥公共照明在安全、安保方面的作用：减少园内交通事故数量，降低事故严重度；抑制园内破坏行为，减少犯罪行为；提高使用者远距离能见度，提早防范危险；为夜间使用者提供安全感。

满足环保节能、可持续发展要求是照明规划设计中考虑的另一类因素。在选择光源与灯具时权衡顾及初始投资费用、电费、设备维护费用等各方面因素，选择全寿命使用周期下最经济的照明光源与灯具，以体现经济性原则。在园内部分区域选择绿色能源支持照明系统，以减少能耗。通过系列设计手段，实现环保照明的目标，如在标准的步行区使用截光、半截光灯具，控制上射光比例；对园内的生态保护区域限制使用泛光灯，避免人工光对动、植物生存环境的影响，扰乱生态系统平衡；顾及照明对周边居住区的影响，保证灯具安装位置和角度不会干扰居民生活与休息等。

同时，为了满足游客在公园夜间活动的便利及舒适的要求，照明规划延续公园景观设计文脉，构建完整的夜间景观框架，对主要景观节点提供重点夜间照明。

三、照明规划步骤

1.基础条件分析

理解景观设计理念，分析市民活动的安全感、舒适性、视觉美观、新鲜感等多方面需求，提取二者交集，得出照明重点对象。

2.照明规划分区

国际照明委员会在《限制室外照明装置干扰光影响指南》中对不同类型环境区域给予了照明等级划分，并针对不同等级区域限定了垂直照度、光源发光强度、上射光比率、建筑立面亮度、标识系统亮度等指标。

环境照明区域分类

区域	周围环境	光环境	举例
E1	自然	天然黑夜	自然公园、保护区
E2	乡下、乡村	低区域亮度	工业或居住性乡村
E3	郊区	中区域亮度	工业或居住性的郊区
E4	城区	高区域亮度	城市中心、商业区

根据公园的景观规划，南园是以市民休闲娱乐功能为主的园区，外围地块免费开放，故夜间使用频率较高，对夜间视觉环境要求也相应较高。北园是以生态保护、生态恢复功能为主的生态种源地，夜间使用频率较低，因此公园照明规划确定照明重点为南园，对北园进行限制照明，避免破坏生态环境。

公园照明重点区域包括夜间观赏景点、公共开放景区、南入口广场、核心景观区、滨水景观带等。其中，夜间观赏景点、公共开放景区、核心景观区、滨水景观带属于E2照明等级区域，鼓励游客夜间使用，为各场地提供功能性照明，并制定不同场地的照度标准，在夜间重点照明区域，综合利用多种照明手段。南入口广场属于E3照明等级区域，是夜间园区内亮度最高的区域。

公园限制照明区域包括：夜间关闭的景点、生态保护区、水面等。这些区域属于E1照明等级区域，以功能性照明为主要目的，采用截光型灯具，限制上射泛光照明。

四、照明规划总体策略

为了实现上述照明规划目标，设计师们制定了以下照明规划总体策略：

• 强化公园在城市中的区域特征，针对公园各部分特征制定照明策略。

• 适度提高夜间公共开放区域的照度，增强其开放特性。

• 通过照明强化公园与城市干道交接边界及门区出入口，增强其夜间可识别性。

• 分析夜间观赏视线，对景观视轴上的系列景观节点给予重点照明，组织夜间景观节点视觉序列，对园区内易达、可见的景点做适当照明。

• 保证功能性照明的合理与节能。制定园路照明灯具及光源参数标准，允许在一定限制内的灯具多样化，禁止采用特异灯具。

五、园区交通系统照明规划

1.园路照明的目的及要求

园区道路照明规划设计，不仅要为园路的固定照明提供设计依据，以贯彻执行照明规划理念，更主要的是在夜间为游人及工作人员提供迅速、准确和舒适的可见度。在视觉景观上，同时需要勾画夜间公园山水园林道路骨架，强化原有景观设计理念，为夜间游园活动提供具有吸引力的引导。园区道路照明规划设计依据《道路照明标准》、《城市道路照明标准（报批稿）》进行，整个规划设计避免光污染，降低灯光对生态环境的干扰。

2.园路照明分级

根据森林公园园路规划的道路性质、等级及路宽，设计师将园路系统照明分为三级，并提出相应的照度、光色、照明方式及灯具形式的标准。

园路照明分级标准表

照明等级	对象	使用状况	照明标准
一级照明	一级园路	路宽8～12m，是连接公园各主要景区的人车混行道路。夜间使用频率最高	相当于CIE道路照明等级P2： Eav=10 lx(路面平均照度维持值) Emin=3 lx(路面最小照度值) 光色4000K UL=0.5(纵向均匀度最小值)
二级照明	二级园路	路宽3～6m，夜间以步行交通为主，允许管理性的机动车交通介入，连接各主次景区及内部各景点的主要路线	相当于CIE道路照明等级P3/P4： Eav=7.5/5 lx(路面平均照度维持值) Emin=1.5/1 lx(路面最小照度值) 光色3000K
三级照明	三级园路	路宽1.5～2.4m，是公园内分布最广的游览路线，仅允许自行车交通与步行交通。夜间使用频率较低	相当于CIE道路照明等级P5/P6： Eav=3/1.5 lx(路面平均照度维持值) Emin=0.6/0.2 lx(路面最小照度值) 光色2700K

3.园路照明设施

就光源而言，长波段光对植物的伤害高于短波段光，比如高压钠灯发出的红光及红外波段的光对于植物的侵害相对较高，而辐射光谱集中于短波长的光源，如高压汞灯、荧光灯、金卤灯等发出的光对于植物的侵害就相对较低。另一方面，高压汞灯对昆虫极具吸引力，故在森林公园中不推荐使用。

公园园路照明设施主要是金卤灯、荧光灯，此外，对环境无污染的新一代绿色光源LED（发光二极管）也可在园区局部采用。

根据园区道路的布局分区，采取的灯具形式种类并不很多，以保证园区内灯具的整体统一性及在时间与空间上的延续性。通过调整灯具配光、高度及其他配件以适应各种情况的路段，在风格统一前提下又保持了灵活性。灯具形式含蓄、简洁、线条柔和，与公园景观所表达的中国传统山水园林与现代公园共生的思想相和谐。

4.园路灯具分布

根据园路周边景观对滨水园路和普通园路加以区分。普通园路照明方式为沿路布置灯具，采用半截光或全截光灯具，一、二级园路采用非对称配光灯具，提高光效。而滨水园路照明则在满足普通园路功能照明的基础上，增设投光灯对周边植物给予照明，突出水岸线景观。三级滨水园路灯具可选择双光源，照明路面同时照亮植物。

此外，园路照明还可从相近区域和建筑借光。

园路照明布局灯具布置表

照明分级	路宽	灯具描述	安装高度	光源示例	显色性	色温(K)	排布方式	间距
一级照明	8m	偏配光庭院灯	7m	70W金卤灯	85	4200	单侧	18～20m
二级照明	4.5～6m	偏配光庭院灯	4～5m	42W紧凑型荧光灯	80	3000	单侧	15～18m
三级照明	2～2.4m	单侧出光草坪灯	0.8～1.1m	18W紧凑型荧光灯	80	2700	单侧	8～10m

六、南入口照明设计

公园南入口与奥林匹克中心区景观大道相连，是公园最重要的出入口，因此也是重点照明的对象。

南入口的照明分为三个层次：

第一层为廊下空间照明，光色为3000K，其功能性照明是为大量游人疏散提供充足的照度水平及较高的水平照度均匀度，其装饰性照明则着重表现廊架曲线屋面的漂浮感。

第二层为开放平台照明。地面照明为庭院灯及安置在廊架结构上的4000K投光灯，保持在空间延续性上与中心区景观大道一致。

第三层为东西两侧绿化带及休憩空间的照明，采用低照度的暖光色为游客提供宁静舒适的休憩环境。

设计师通过详细而近乎完美的照明规划设计，不仅保证了公园游人与车辆的运行安全，而且营造了公园引人入胜的夜景，成为公园的又一大亮点。

第九节 奥林匹克森林公园生态科技技术亮点

北京奥组委在申办第29届奥林匹克运动会时就提出了"绿色奥运、科技奥运、人文奥运"三大理念。"绿色奥运"，把环境保护作为奥运设施规划和建设的首要条件，制定严格的生态环境标准和系统的保障制度；广泛采用环保技术和手段，大规模多方位地推进环境治理、城乡绿化美化和环保产业发展；增强全社会的环保意识，鼓励公众自觉选择绿色消费，积极参与各项改善生态环境的活动，大幅度提高首都环境质量，建设宜居城市。"科技奥运"，紧密结合国内外科技最新进展，集成全国科技创新成果，举办一届高科技含量的体育盛会；提高北京科技创新能力，推进高新技术成果的产业化和在人民生活中的广泛应用，使北京奥运会成为展示新技术成果和创新实力的窗口。"人文奥运"，传播奥林匹克思想，展示中华民族的灿烂文化，展示北京历史文化名城风貌和市民的良好精神风貌，推动中外文化的交流，加深各国人民之间的了解与友谊；促进人与自然、个人与社会、人的精神与体魄之间的和谐发展；突出"以人为本"的思想，以运动员为中心，以参加奥运会的各方人士为对象，提供优质服务，努力建设使奥运会参与者满意的自然和人文环境。

奥林匹克森林公园作为规模最大的在建奥运工程，从规划设计伊始，就将所有的工作纳入到奥运三大理念的体系中，将规划设计落实为绿色规划、科技规划、人文规划。奥林匹克森林公园以"绿色"为基础，展开全方位、近自然的生态体系规划，以"科技"为依托，展开各项综合课题的研究与实践，以"人文"为灵魂，营造富有中国文化气质的山水格局，架构现代公园多功能公共服务体系。

奥林匹克森林公园全面应用当代先进的景观建造技术和生态环境科技，制定出一系列重要的生态战略，形成大量生态设计成果，用科技营造和谐自然的生态公园，成为当代城市大型生态公园建设中具有示范性意义的杰出代表。

奥林匹克森林公园三大理念亮点主要分为"水"、"能"、"绿"三大主题：

一、水

北京是水资源极其匮乏的城市，以世界最先进的环保科技理念为指导，实现整个森林公园对水系的综合循环利用，合理利用水资源，是奥林匹克森林公园突出"绿色奥运"的一大重点。

1.人工湿地处理系统

奥林匹克森林公园是国内第一个全面采用中水作为水系和主要景观用水补水水源的大型城市公园。每天，从清河污水处理

生态高效的复合人工湿地（本页和对面页）

厂引入森林公园的2600m³再生水（干旱期最大用水量）和从湖中抽取的20000m³湖水进入到南园4.15hm²生态高效的复合人工湿地中进行处理，这意味着每年可以节约95万m³的自来水，相当于北京3.16万人的年用水量之和。

人工湿地处理系统是公园水质改善系统工程中生态自然净化系统的重要组成部分，主要功能是通过新型景观化复合垂直流人工湿地工程技术深度处理再生水及循环湖水，并与其他水质改善措施协同作用，为公园提供优质水环境。同时创造美丽壮观的、充满野趣的湿地生态景观，为游客带来独特的风景线。该系统具有增强系统净水的可靠性，展现先进水处理技术，实现水处理功能与景观效果的完美结合，构造自然生态的处理系统，提供生态教育的示范基地等意义。

人工湿地处理系统的总体技术路线为：界定规划设计的边界条件，进行水量平衡计算和污染负荷分析，制定不同的维护情景，利用水文水质模型（水动力学模型为EFDC模型，水质模型为WASP模型）模拟对维护情景的技术可行性进行评估，对技术可行的方案通过经济和技术比较，选择较优方案进行相应的工程方案设计。

在森林公园中所构建的复合湿地系统利用湿地自然生态系统中的物理、化学和生物的三重协同作用，通过过滤、吸附、共沉、离子交换、植物吸收和微生物分解来实现对再生水和循环水的高效净化。同时，湿地系统也是陆地生态系统和湖泊生态系统之间的过渡带，对于维持生态系统的完整性和生物物种的多样性具有重要的意义。

2.生态水处理展示温室（又名可持续发展教育中心）

奥林匹克森林公园生态水处理展示温室为公众提供了集科学性、景观性、趣味性为一体的游览景点，展示新型、系统、安全的水处理生态技术，引领污水“精深”处理的技术发展方向，并为游人提供一个了解自然生态系统功能和接受环境保护教育的有益场所，成为生态科技集中的展示、教育基地，此外，温室还能够为城市水系统的维护和各种城市景观水体水质净化与保持系统的设计提供样板。

温室占地2200m²，建筑面积2600m²，每天可处理再生水600m³，出水水质指标达到《地表水环境质量标准》（GB3838—2002）的Ⅲ类水体水质标准。

该项目的难点主要是对处理出水的水质要求高，处理难度大；氮和磷的去除是关键；体现示范功能，展示水处理技术的发展方向。根据“低耗高效、生态协调、环境友好”的原则，温室的工艺设计采用了“全天候式水质生态净化与保持技术”，关键技术包括生态供碳技术、强化脱氮人工湿地技术、水生生态系统净化技术、高效除磷技术（强化除磷）、水质稳定化技术（复合湿地技术）、水质安全化技术（紫外消毒技术）、化感抑藻技术、水质自动监控技术、智能型温室技术等，通过对进、出水水质的各项指标进行在线监测和显示，直观观测水质的变化。

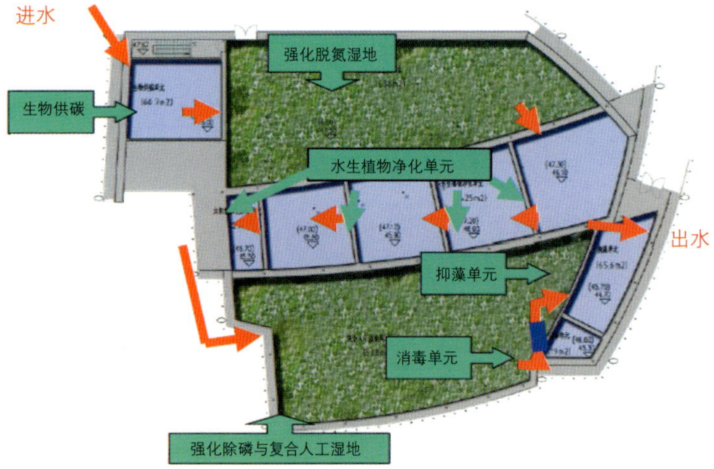

温室处理工艺流程

以现场照片展示温室处理工艺流程

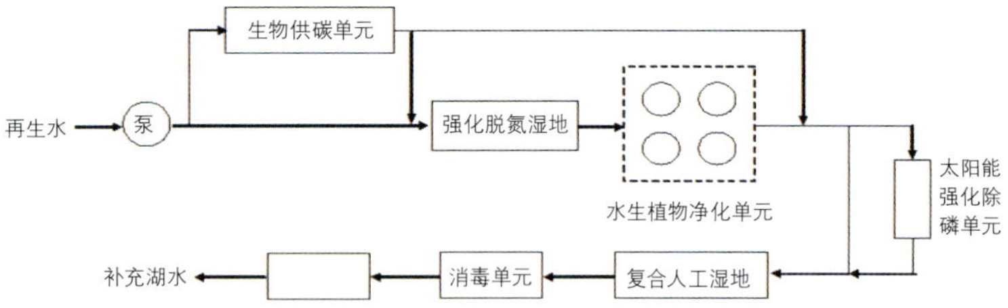

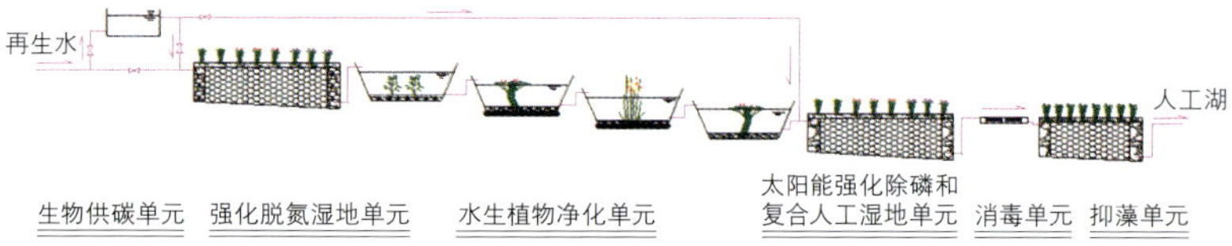

补水净化系统展示工程工艺流程示意图

温室高程设计

3.雨水收集系统

奥林匹克森林公园雨洪利用率高达95%。雨水收集系统规划与地形、地貌、园内河湖水系及周边市政雨水条件紧密结合，利用园区市政河道及公园湖泊水系收集雨水，充分利用雨水资源，以蓄为主、排蓄结合，工程措施与非工程措施相结合，因地制宜地制定排水方案，并将收集的雨水用于园内绿化灌溉及道路喷洒等。该系统确保了公园内部充分、全面、高效的节约水资源，实现了水在公园内部的微循环，对全园乃至周边地区的生态循环具有重要意义。

该系统的排水标准采用一年的雨水设计重现期，流量计算采用北京市暴雨强度公式，径流系数采用绿地0.2，山地0.3～0.4，建设区0.55。系统具体的排水方案为：土壤径流入渗系统由雨水收集、入渗设施等组成；渗排组合系统由雨水收集、排放和入渗等设施组成，设施基本沿道路设置；排放系统由雨水收集和排放管道等组成，设施基本沿道路设置；北园部分区域利用自然地形的低洼地作为汇水区域，低洼地的下部铺设碎石等形成蓄水层，低洼地内种植耐水湿植物，形成良好景观效果。

排水条件图

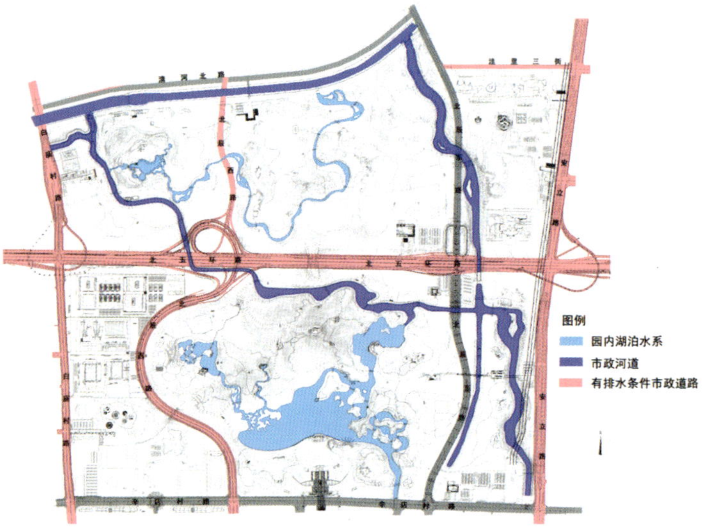

雨水排水平面图

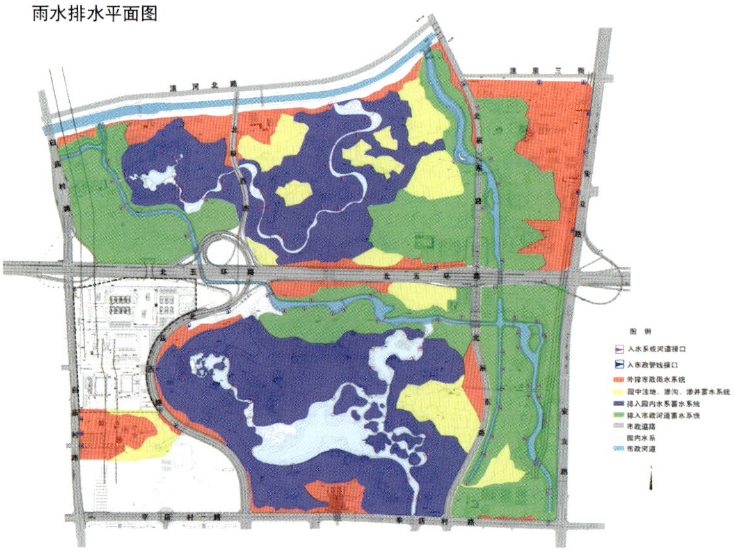

仰山上的雨水排水沟

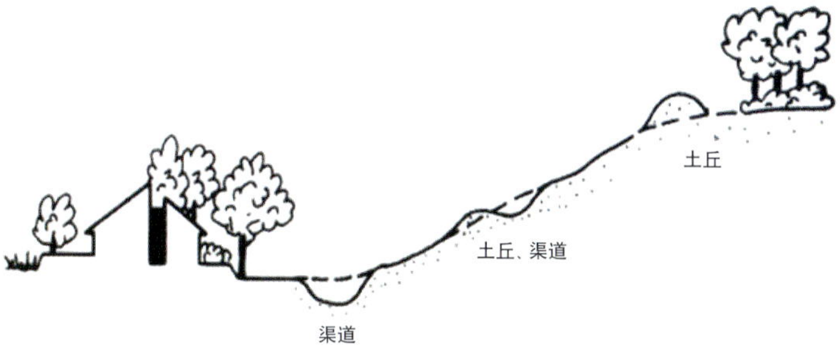

对于较大坡度、较长坡长地段，分隔措施有利于减小坡长、减缓流速

公园采用BMPs雨水径流管理措施，包括对源的控制、对污染物扩散途径控制、终端治理等工程方法和制定实施相关法规政策、志愿者清理与监督、地面垃圾和卫生管理、雨水口的维护管理、公众教育等非工程方法。

公园的北园除清河东路现状路外，其他全部道路均采用级配砂石路，透水率达100%。南区道路根据分级分别采用不同方式延迟地表径流排放时间，保证入湖水质。公园部分门区停车场（共122825m^2）选用新型植草停车场技术，解决了停车场透水的问题。

4.污水处理系统

奥林匹克森林公园是国内第一个实现了全园污水零排放的大型城市公园，实现了污水零排放、污水循环回用和确保不对环境产生任何污染的目标，即俗话所说的"肥水不流外人田"。

公园2008年前采用污水处理系统的建筑共48处，根据园内不同区位的特点和不同功能需求，选定了三种污水处理技术，在不同类型的建筑中采用，这三种污水处理技术为MBR生物膜处理技术、生物速分水处理技术和生物降解粪便处理技术。

MBR生物膜处理技术是将传统生物处理与膜分离技术相结合而成的一种高效污水处理新工艺，具有占地少、集成度高、出水水质稳定、技术成熟、应用广泛等优势。

生物速分水处理技术是产生于近5~10年内一种有机废水处理的新技术，具有初期投入少、产生污泥量少、耐负荷冲击、填料寿命长且无堵塞、启动速度快、运行费用低、管理方便等优势。该技术目前已取得国家专利，拥有自主知识产权。

生物降解粪便处理技术主要利用微生物新陈代谢原理，通过降解菌种将排泄物分解成被微生物利用的低分子物质，从而转化成二氧化碳、水等，以气体形式分离，具有技术与理论的先进性高、节水、节能、节省用地等优势。该技术成果来自于中科院微生物研究所，属专利产品。

植草停车场

园内采用的以上污水处理技术可以有效地解决森林公园配套建筑产生的污水排除处理问题，处理过程不会产生二次污染，处理设施不会对景观产生不良作用和影响。处理后的污水可以达到景观环境用水的再生水质标准，并能通过雨水收集系统补充到景观水体，或者用于绿化灌溉，从而实现园内污水的零排放。

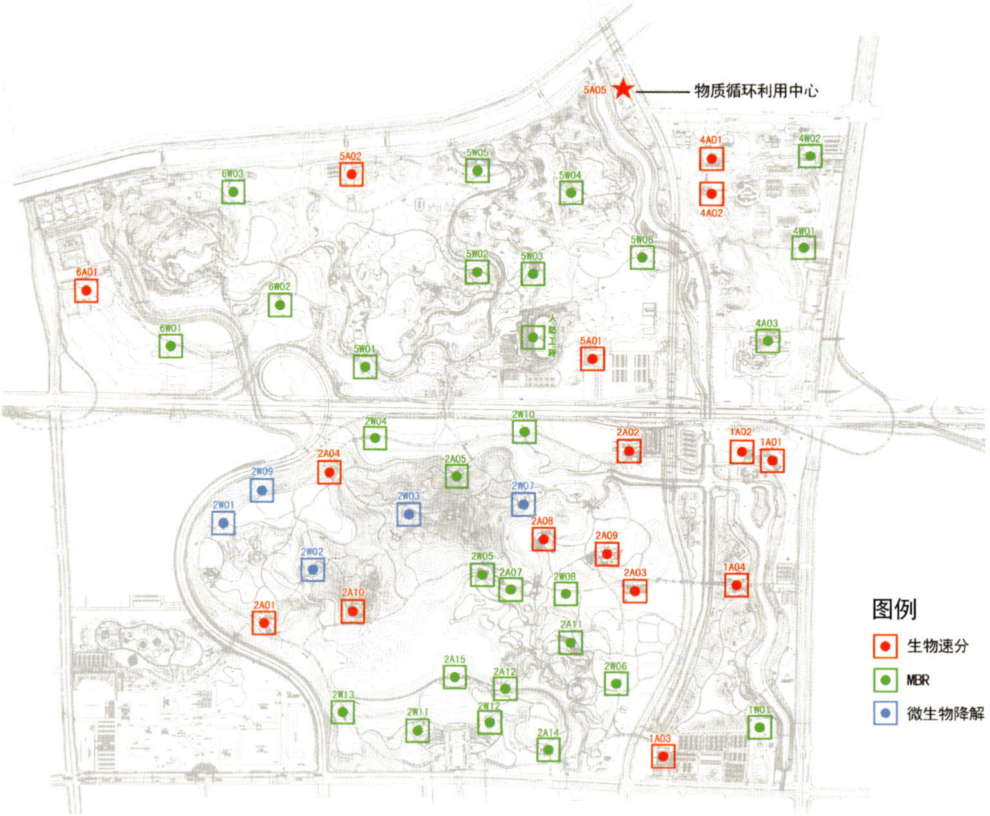

采用各种污水处理技术的建筑布点图

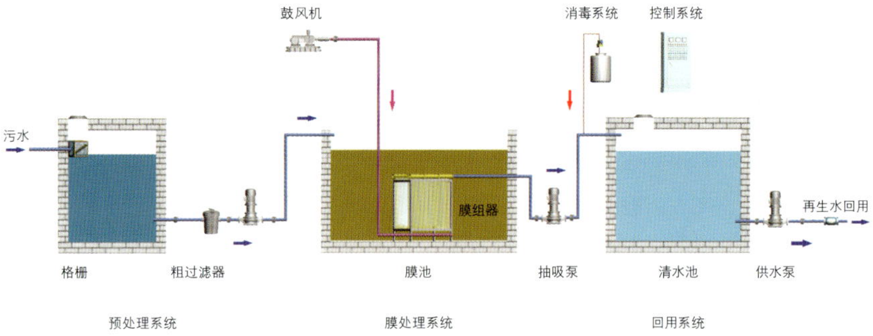

MBR生物膜处理技术示意图

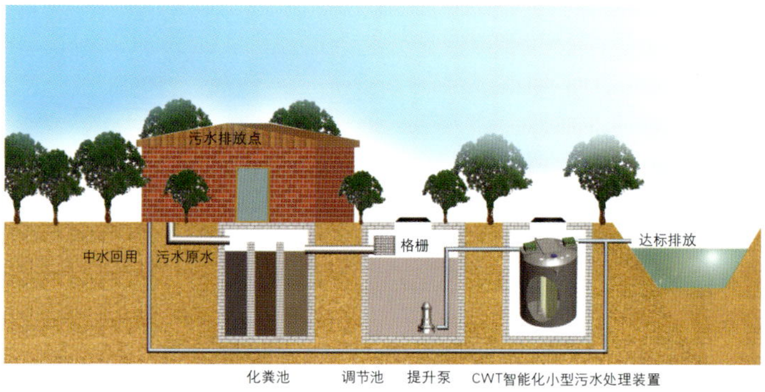

CWT智能化小型污水处理装置

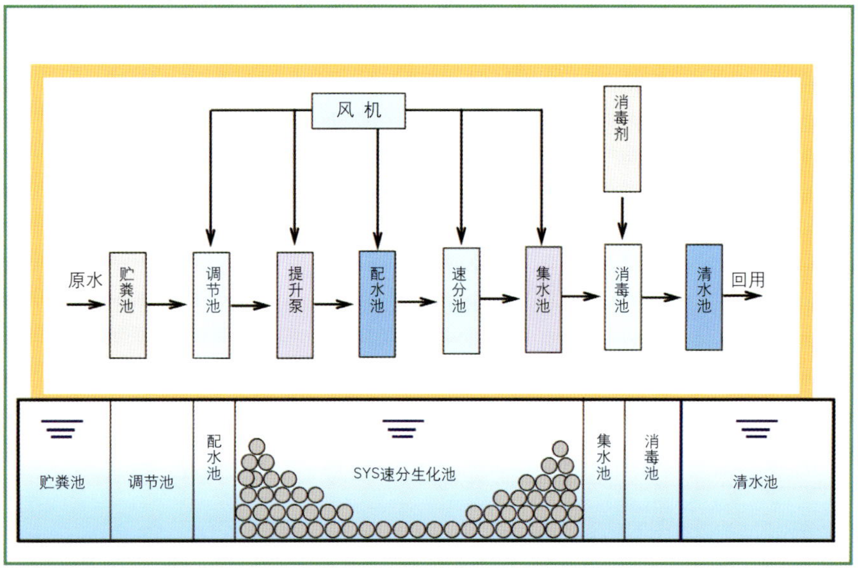

生物速分水处理技术工艺流程及高程图

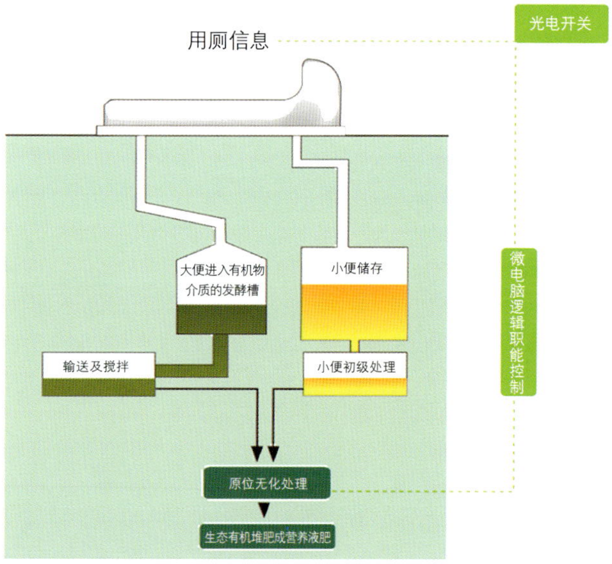

生物降解粪便处理技术工艺流程示意图

5.智能化灌溉系统

奥林匹克森林公园采用的智能化灌溉系统，处于国内外领先水平，相对于常规灌溉方式，智能化灌溉系统每年可节水100万m^3。

该系统采用中央计算机控制下的喷灌、滴灌、涌泉灌等多种高度自动化、智能化的灌溉技术，并配备先进的水质过滤自动化控制系统，满足采用中水灌溉的要求。根据园内不同植物的需水要求，选用了多样化、先进、高效的灌溉技术与设备，确保植物健康生长，并且实现优美的景观和良好的生态效果。同时，园内所有的灌溉设备均体现了人文关怀，不会对游人带来不适、障碍或审美危害。

园内不同区域采用不同的灌溉方案，北园为粗放灌溉，采用皮管+喷灌、微灌等方式，南园为精细灌溉，采用喷灌+微灌的方式，主山上因特殊地形环境，采用自动升降和地埋微喷等灌溉方式。

该系统为节约型灌溉系统，每个节点都考虑了节水、节能和节约运行成本，精细与粗放相结合，降低总造价，并且对于北京这样一个严重缺水的城市意义非凡。

6.膨润土防水毯的应用

膨润土防水毯采用环境友好的无纺布和有纺布，经过特殊工艺的编制方法，将纳基膨润土限定在一定的空间之内，达到可控的防渗要求，是高效的天然黏土材料，可以满足大量水生生物、植物根系生长所必须的天然条件和防渗技术措施之间的兼容性，具有生态环保、工艺合理、性价比高、寿命长、施工简便等优势。

奥林匹克森林公园内所有水系均铺设了膨润土防水毯，节约黏土资源，防止水资源的流失，同时保证适量的水交换，以达到长期的水生生态系统的平衡，保证水体对地下水有长期缓慢的补充。

灌溉系统流程图

公园内的灌溉系统

膨润土防水毯产品

膨润土防水毯铺设现场

二、能

“办绿色奥运，促节能减排”，这是中国在筹办奥运期间一直贯彻的绿色主题。奥林匹克森林公园从建筑、廊架、材料等多方面入手，通过采用多种生态节能措施，实现节能目标。

1. 节能建筑设计

伴随着我国科学发展观的实施与推进，国家能源结构调整，人们对生活质量的要求不断提高，建筑新形式的层出不穷，建筑节能所需面对的问题已经超出了墙体保温节能的范畴，要通过对节能技术的集成设计，涵盖从小区风环境、热岛、日照与采光规划设计，到体型系数、窗墙比、外墙、外窗、屋顶等围护结构保温、隔热、遮阳性能的优化，以及提高采暖空调系统、节水节电系统、建筑废物资源化再利用系统等内容。

奥林匹克森林公园依据《北京城市总体规划（2004~2020）》对北京城市功能的定位以及奥运三大理念进行节能建筑设计，是建设节约型社会、落实科学发展观的具体体现。其节能建筑设计的目标是提高建筑的舒适度、实现建设项目可持续发展的低成本、减少建设污染排放、实现建筑废物资源化再利用、把资源消耗降到最低、由节能50%走向更低能耗，真正实现循环经济的理念。同时，在项目实施过程中，通过科学的方法在建筑节能方面研究总结出新的经验，客观上为建设节约型建筑树立了榜样，在北京市乃至全国起到具有良好的示范作用和深远的推广意义。

奥林匹克森林公园是国内第一个全面采用节能建筑设计的大型城市公园。园内2008年前建设的建筑共91个，总建筑面积为7万m^2，散布于园内不同区域，其采用的节能措施也是多方面的。

（1）围护结构保温技术

公园内所有建筑的围护结构均采用了新型建材及建材工艺的保温技术，包括外墙保温、门窗保温、遮阳等技术。

外墙保温系统采用了节能砌块、挤塑聚苯等技术。

节能砌块是集保温、承重、装饰于一体的复合节能混凝土空心砌块，厚度310mm的砌块可达到节能65%的标准；厚度

1 | 2 | 3
4

1 节能砌块
2 北园的公共卫生间全部采用节能砌块墙体
3 挤塑聚苯
4 滨水休闲咖啡厅等服务建筑均采用挤塑聚苯保温墙体

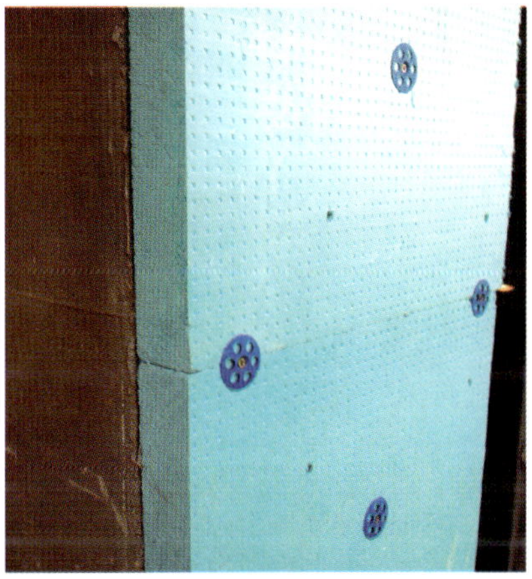

OLYMPIC

280mm的砌块可达到节能50%的标准，具有集保温、承重、装饰于一身、彻底消除"冷桥"、抗老化、自重轻、施工简便、综合造价低等优势。

挤塑聚苯保温板，以聚苯乙烯树脂为主要原料，经特殊工艺连续挤出发泡成型的硬质板材，具有独特完美的闭孔蜂窝结构，具有抗高压、防潮、不透气、不吸水、耐腐蚀、导热系数低、轻质、使用寿命长等优势。

门窗保温系统采用了Low-E膜玻璃、真空玻璃、双层玻璃幕墙、断桥铝合金门窗、玻璃钢门窗等技术。

Low-E膜玻璃可以反射80%以上的远红外热辐射，从而节约建筑能耗。同时，Low-E膜玻璃对可见光的透射比较高，既保证了建筑良好的采光，又避免了反射造成的光污染，营造柔和、舒适的光环境。

真空玻璃是新一代的节能玻璃，是一种基于保温瓶原理发展而来的最新型保温节能材料，真空玻璃的两层玻璃之间仅0.1~0.2mm厚的真空层的隔热效果相当于中空玻璃的2倍，是普通单片玻璃的4倍，节能效果显著，比单层玻璃门窗节能30%~33%，比中空玻璃门窗节能12%~14%，具有抗压性强、透光率高、隔声降噪、有效防止冬天窗户结露、隔热保温等优势。

双层玻璃幕墙与传统的单层玻璃幕墙相比，采暖时可以节约能源42%~52%，制冷时可以节约能源38%~60%，具有实现全年自然通风、隔热保温、合理采光、隔声降噪、减少热辐射、眩光、风沙等优势。

断桥铝合金门窗最大的特点是"阻断冷桥"，具有质轻、强度高、耐腐蚀、变形量小、气密性好、水密性好、寿命长、无污染、保温隔热、隔声、节能环保等优势。

玻璃钢门窗是以玻璃纤维及其制品为增强材料，以不饱和聚酯树脂为基体材料，通过拉挤工艺生产出空腹型材，从而制成的新型门窗。具有质轻、强度高、保温隔热、尺寸稳定、隔声、耐腐蚀、抗老化、绿色环保等优势。

公园内运用的遮阳装置包括内外双层遮阳网和遮阳百叶，可以阻隔热量，从而达到调节自然气流并改善环境、减少空调功耗的目的，节约能耗。运用室外遮阳系统，可使室内温度降低7~8°C，节省40%~60%的空调能耗；运用室内遮阳系统，可使室内温度降低4~5°C，节省30%~45%的空调能耗。

(2)地源热泵系统

地源热泵系统是一种以较低的运行费用向房屋供暖、制冷的节能环保的空调系统，具有清洁环保、高效节能、蓄能、一机多用、技术成熟等特点。

冬季，系统工质通过蒸发器吸收从土壤中收集来的热量，由低压湿蒸汽变成低压蒸汽，再通过压缩机，被压缩成高温高压过热蒸汽，此工质再经过冷凝器，在冷凝器中冷凝液化为饱和液体并释放热量，传递给供暖循环水系统，达到供暖的目的。夏季，系统运行过程与冬季工况恰好相反。系统工质在蒸发器中吸收空调系统循环水热量，与冬季相同通过工质的相变，将热量交换转移至地下土壤中。

通常冬季供暖可采用的形式有：地源热泵、市政热力、燃气锅炉、电锅炉供暖等；夏季制冷可采用的形式有：地源热泵、燃气直燃机、电空调等。通过比较，采用地源热泵技术，在冬季供暖期中，比燃气直燃机系统节约44%，比市政热力系统节约38%，比电蓄热系统节约65%；在夏季制冷期中，比燃气直燃机系统节约35%，比常规冷水机组系统节约25%。

森林公园中应用地源热泵的建筑共21个。

(3)光导照明系统

光导照明系统将室外的自然光线透过采光罩导入系统内进行重新分配，再经特殊制作的光导管传输和强化后由系统底部的漫射装置把自然光均匀高效的照射到室内任何需要光线的地方，可以有效减少白天的照明电耗、充分利用太阳能，具有绿色、健康、节能、环保等特点。

公园内的覆土码头建筑采用了光导照明系统，光导管长度为20m，年节约用电1063kW·h。

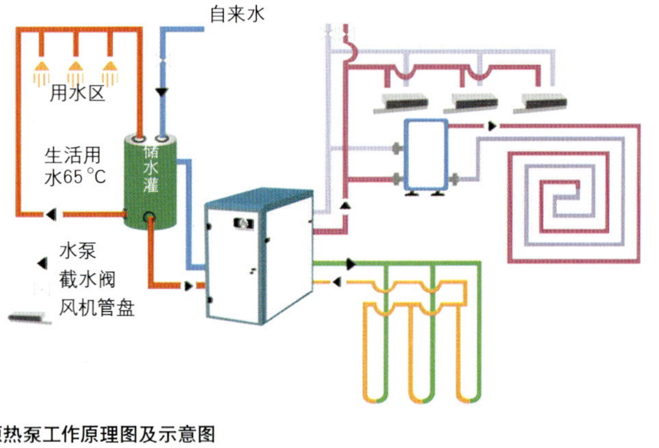

地源热泵工作原理图及示意图

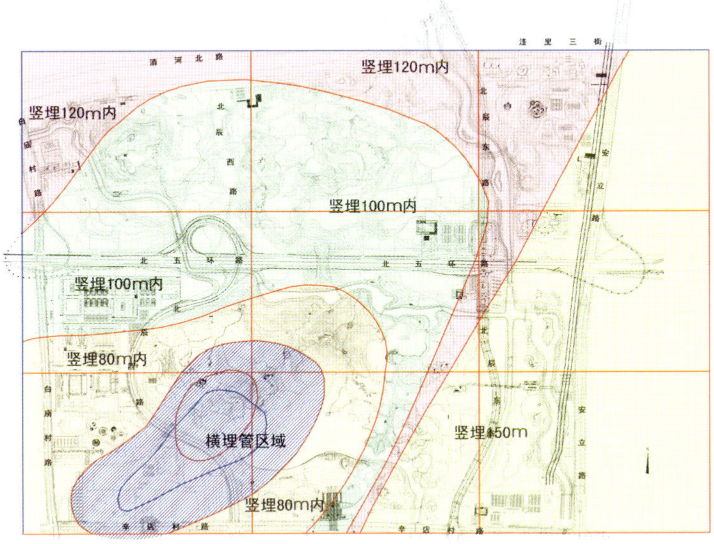

地源热泵布孔形式分布图

应用地源热泵系统的建筑分布图

覆土码头管理中心光导照明系统

光导照明系统结构示意图

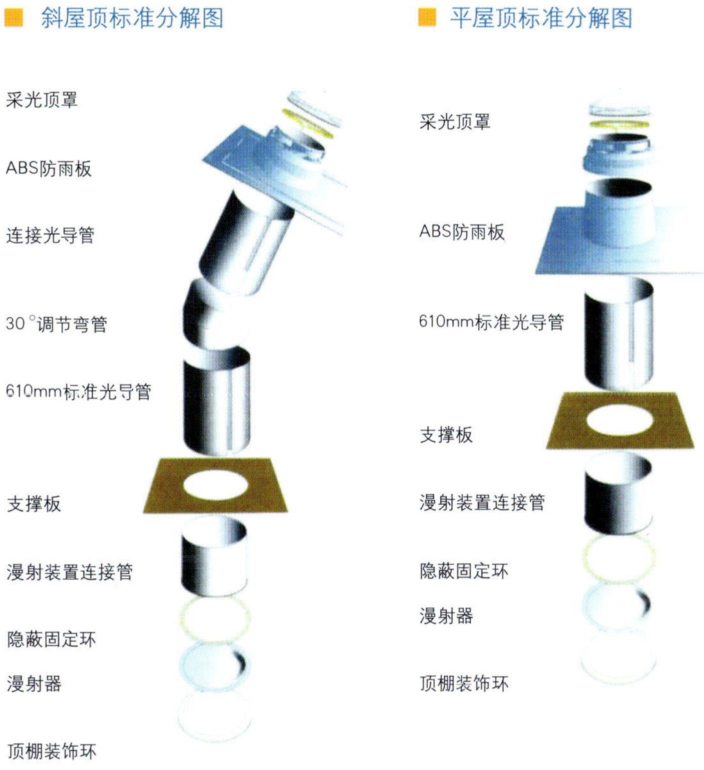

光导照明系统结构示意图

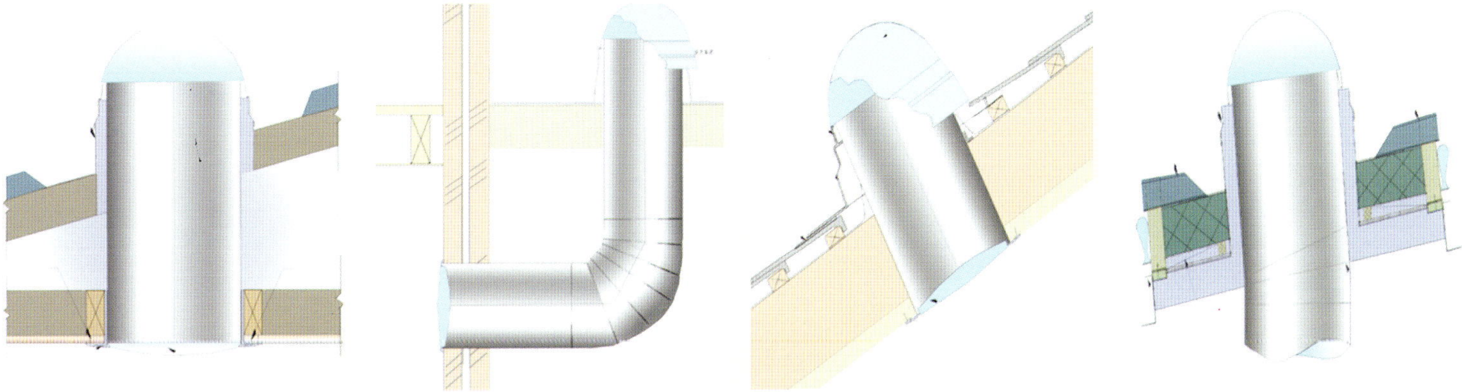

OLYMPIC

(4)生态核系统

生态核系统也称为绿化中庭,在室内环境控制中，起到缓冲和拔风烟囱的作用，其中的小植物群落可加强人与自然的接触，增加人的绿视率，调节空气湿度，净化室内空气，有利于人体健康。

在冬季，中庭是一个封闭的大暖房. 在"温室作用"下，成为办公建筑环境的热缓冲空间，起到了保温节能的作用。在春秋过渡季节，中庭是一个开敞空间，能促使室内良好的自然通风，在夏季，中庭的南向遮阳板能有效地遮蔽直射阳光，使中庭成为一个巨大的凉棚. 对办公空间起到热缓冲的作用。同时，在中庭顶部设有天窗，有利于自然通风。

园内的综合办公区建筑应用了生态核系统，总建筑面积为21000m^2。

(5)温湿独立控制新风系统

温湿独立控制系统采用温度与湿度两套独立的空调控制系统，分别控制、调节室内的温度与湿度，从而避免了常规空调系统中热湿联合处理所带来的损失。温湿独立控制新风系统采用新风处理机组提供干燥的室外新风，满足排湿、排CO_2、排味和提供新鲜空气的需求。

相对于传统的常规冷水机组、燃油锅炉和城市热网系统，采用地源热泵与温湿独立控制新风系统可以达到节能60%的目标。

公园内的森林艺术中心建筑和温室建筑采用了温湿独立控制新风系统。

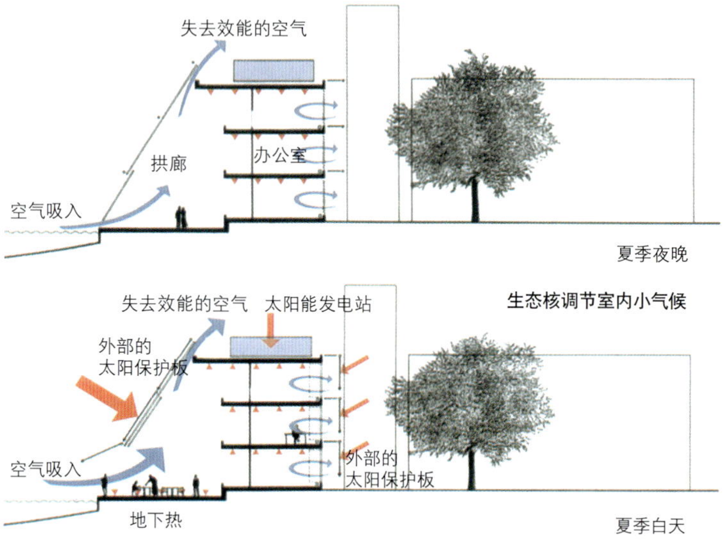

生态核系统调节室内小气候示意图

建成的综合办公区

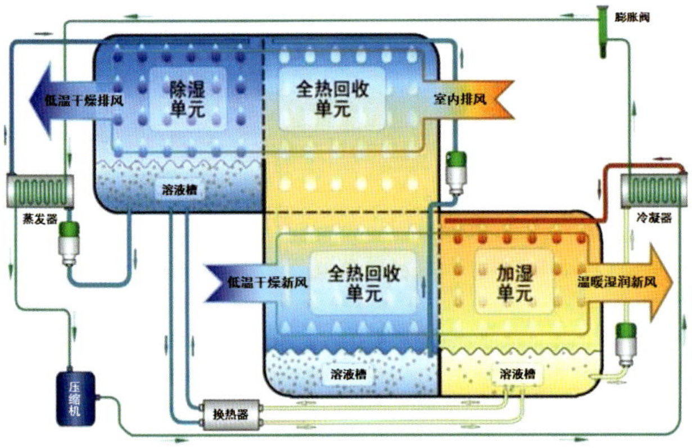

冬季运行模式

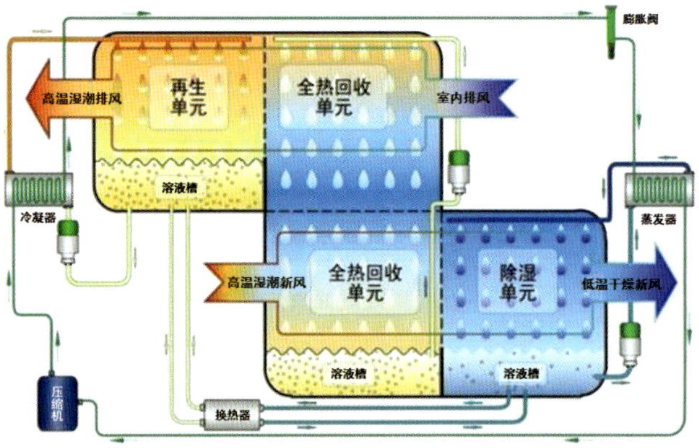

夏季运行模式

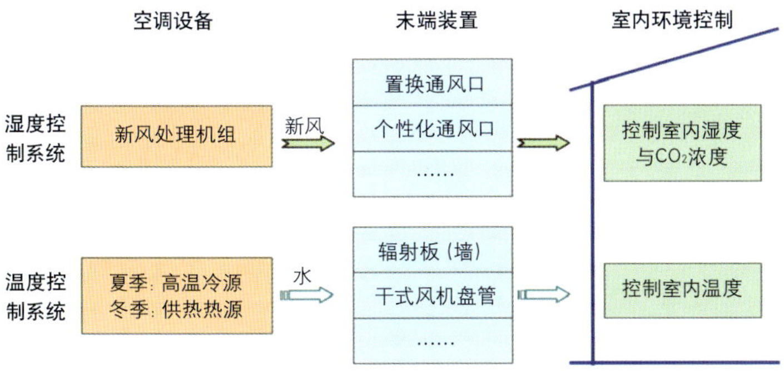

温湿独立控制系统基本组成

温室的温湿独立控制新风系统机房

2. 结合太阳能光电板的景观廊架

奥林匹克森林公园在南主入口靠近主湖边的位置，对称设计了两个太阳能光电板相结合的景观廊架，利用太阳电池半导体材料的"光伏效应"将太阳光辐射能直接转换为电能，经技术转换后送入低压电网供公园使用，属于真正无污染的绿色能源。廊架面积为950m²，功率为80kW，年发电能力8万kW·h。

该系统在设计、设备研制等方面具有较高的科技含量，确保与廊架的结合方式安全可靠，并有利于发电。同时，在森林公园南主入口这样显著位置设计与太阳能光电板结合的景观廊架，既取得了极佳的景观效果，又具有宣传、展示和示范意义。

与火力发电相比，森林公园80kW光伏电站在25年寿命期内相当于累计节约标准煤约681t，减排二氧化碳约1747t、二氧化硫约17t和氮氧化物约5t，此外，还减排粉尘和烟尘，具有良好的环境效益。

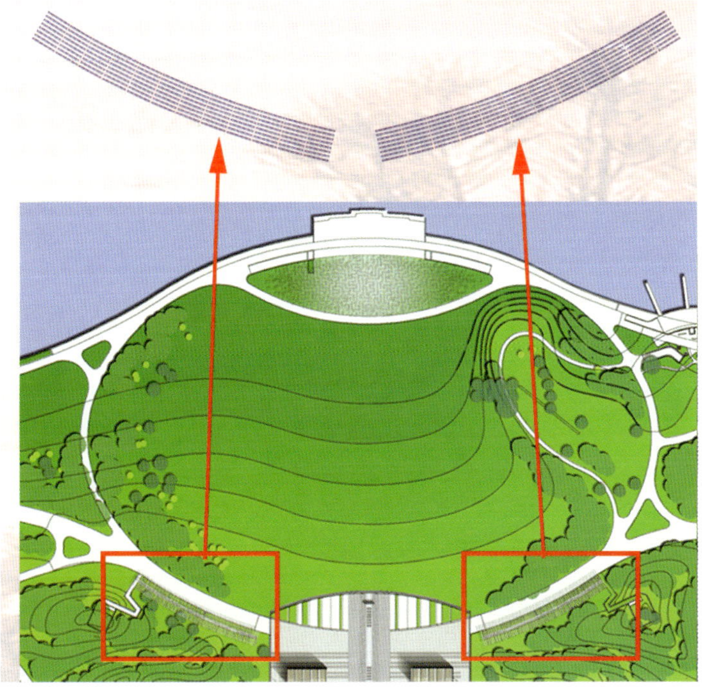

结合太阳能光电板的景观廊架位置图

结合太阳能光电板的景观廊架

3. 木塑复合材料的应用

木塑复合材料是目前新型生物质复合材料家族中最具活力的一个分支，也是能够具备多种功能的一类绿色环保材料。该材料是以锯末、木屑、竹屑、麦秸、谷糠、椰壳、大豆皮、花生壳、甘蔗渣、棉秸杆等初级生物质材料为主原料，利用高分子界面化学原理和塑料填充改性的特点，配混一定比例的塑料基料，经特殊工艺处理后加工成型的一种可逆性循环利用、涵盖面广、产品种类多、形态结构多样的基础性材料。具有原料资源化、产品可塑化、使用环保化、成本经济化、回收再生化等优点。

森林公园将木塑复合材料应用于木平台及栈道、建筑外装、地面铺装、桥体木包面、桥梁栏杆等处，节约了原木材，具有宣传、展示意义。

4. 物质循环处理与再利用系统

奥林匹克森林公园对园内废物资源的循环处理与再利用，为国内大型城市公园中的首创，该系统建成后，将成为目前世界上规模最大、体系最完整的物质循环系统，全面实现节能减排的目标。该项目被列为科技部"十一五"国家重点项目，受到了在全世界范围内致力于可持续发展的多个国际组织的高度重视和充分肯定。

该系统设计的总体目标是应用生活废物源分离的科学理念和技术，使处理设施更加高效运行；变废为宝生产有机肥，促进植物生长，改善景观效果；使废物处理的环保措施成为直接产生经济效益和抵消环保成本的重要环节；实现物质体系上的资源化循环，同时又实现了因人"贡献"的作用促进植物生长继而增加观赏价值，使人在公园的感受体系范围内形成良性循环。

2008年前，森林公园内有生活污水或废物排放的各类功能建筑为49处，公园生活废弃物主要包括粪便、尿液、盥洗水、餐厨废水、化粪池污泥及污水处理产生的污泥等。

公园通过生活排污源分离系统的构建，将尿液从传统的排污系统中分离、储存、运输后，经生化处理形成绿化所需的肥料，就地使用，同时化粪池污泥和园内的绿色垃圾也实现本地堆肥效应。

公园内木塑复合材料的应用

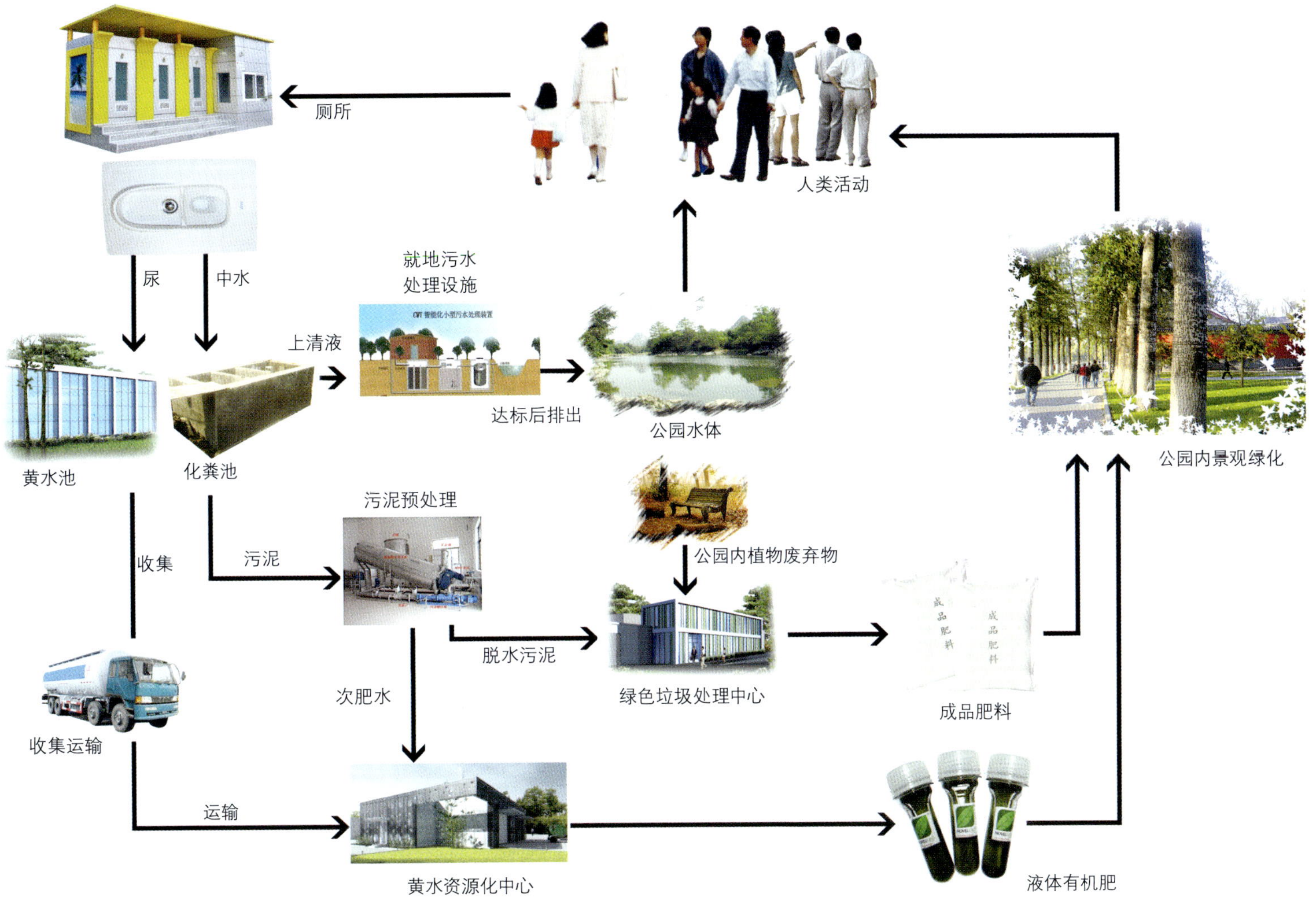

物质循环处理与再利用系统流程示意图

三、绿

“绿色”是北京奥运会永恒的主题，奥林匹克森林公园对“绿色奥运”理念有着深入的阐释。

1.近自然林和生物多样性设计

奥林匹克森林公园是国内第一个将近自然林和生物多样性设计理念应用到规划中的大型城市公园。

植物是景观构成元素中对生态环境贡献最大的元素。在森林公园的规划设计中，模拟北京当地乡土生态环境及植物自然群落的组合规律、结构特征进行规划设计，运用植物造景的原则、手法，组成各具特色的植物景观群落。全园450hm²的绿地，是由100余种共53万株乔木、80余种灌木和102种地被植物按照生物多样性的设计思想组成的近自然林系统，设计密林郁闭度达80%，树林郁闭度达50%。

依据充分保护现有绿化植被、丰富树种及生物多样性、保证高比例的密林等种植原则，公园北园设计为自然野趣密林，密林率达90%以上，南园设计为生态森林公园，密林及疏林达80%以上，体现了丰富多彩的四季植物景观。

森林公园为周边区域乃至整个北京城带来巨大的经济、社会、环境效益。园内的植物每年可产氧5400t，吸收二氧化硫32t，滞尘4905t，林地蓄水量67.5万m³。公园中的湿度比城市其他地方高27%，夏季，公园林地比空旷地降低气温3~5°C，冬季，高出2~4°C。

同时，公园通过建立丰富的植物物种和丰富的植物群落结构，将园区建成一个植物种源库，为其他生物如哺乳动物、鸟类、土壤微生物等提供良好的栖息环境，加快园内的物质循环和能量转换，加速森林公园的自然化进程，使公园生态系统向良性循环进行演替，最终实现生物多样性，提高生态服务价值，改善周边居民的生活环境。

公园里多样的小动物们

森林公园近自然林设计

2.雨燕塔设计

奥林匹克森林公园的雨燕塔设计，为国内首创。

北京是雨燕的模式种产地，也是该鸟类分布最集中的地区之一。雨燕是一种在城市中与人类伴生的鸟类，可以作为城市环境质量的指示物种，间接反映北京市环境质量状况。因此开展雨燕资源保护，有利于北京地区生物多样性的保护，并在农林害虫的生物防治上具有重要意义。

在奥林匹克森林公园内建造雨燕塔，是基于对北京雨燕资源的保护和对生物多样性的保护，以及对乡土文化的提倡，通过人为干预，创造适合雨燕居住的环境，招引雨燕落户公园。

通过对雨燕的生活习性、栖息地选择、食物要素等多方面的研究和考察，我们设计了一系列雨燕塔方案，经过绿化局、野生动物保护协会、爱鸟协会等多方专家的多次论证，最终选定既符合公园景观特点，又最适宜雨燕营巢的雨燕塔方案，并到森林公园施工现场进行选址，力求为雨燕提供最宜居的生态居住环境。

1	2
3	4

1 雨燕塔位置平面图

2 3 4 雨燕塔，雨燕的家

OLYMPIC

3. 生态廊道设计

奥林匹克森林公园生态廊道上跨北五环路，是公园南、北园的重要联络通道，也是两景区间动物通行的惟一通道。生态廊道设计将森林公园系统从岛屿式逐步过渡到网络式，为孤立的物种提供传播路径，保障生物多样性，保护物种及栖息地，有利于城市生态安全。生态廊道设计维护了城市生态绿地系统与格局的连续性，将公园连成整体。生态廊道设计开辟了立体的绿色空间，注重人的生存空间的优化、美化，为市民提供观光旅游场所。

生态廊道设计是奥林匹克森林公园自然系统的连接设计，是奥运三大理念、公众期望、领导决策、技术可行性以及经济可行性等诸多因素综合考虑的结果，是一次重大的景观与技术的整合，看似简单，其实蕴含了大量的工程设计验证和工程实践探索。生态廊道的设计对我国城市自然系统的连通和恢复意义重大，对探索在华北地区城市人工自然系统连通的各项参数数据建立和人工恢复系统的可持续性研究具有重要意义。

生态廊道上的植被

站在仰山顶眺望生态廊道

4.消防系统规划

奥林匹克森林公园消防系统规划是结合景观设计将各项消防措施加以融合实施，在保证景观效果的前提下实现消防功能，整个森林公园形成一个完整的消防环境，为人民群众生命和财产的安全提供了有效的保障。同时，森林公园的消防系统将纳入北京市及奥运地区的整体消防环境和防灾体系之中，为城市消防与安全发挥着重要作用。

森林公园的消防体系建设充分贯彻了"预防为主、防消结合"的消防工作方针，按合理布局、有效分隔、全面监控、组合防御、联动快捷、自救优先、控制得力、扑救及时以及重点部位重点防范等要求进行消防设计，按照"防、警、控、消"的程序指导各项消防工作。

公园内的消防系统包括火灾监测预警系统、火灾报警系统、消防水系统、消防通道系统、防火隔离带系统、紧急疏散导示系统等。

5.全园智能化管理系统规划

奥林匹克森林公园智能化管理系统引进先进的技术和设备，提高奥运科技含量，是奥运期间安全管理的有力保障，也是充分体现奥运三大理念的重要组成部分。

森林公园智能化管理系统主要包括四大部分：

• 安防及售验票智能化管理系统：包括视频监控系统、售验票系统、考勤管理系统、停车场管理系统、电子巡更系统、周界报警系统等；

• 机电设备智能化管理系统；

• 信息智能化管理系统：包括综合布线系统、计算机网络系统、无线通信系统、公共广播系统、大屏显示系统、触摸查询系统、公园网站、有线电视系统、机房工程等；

• 智能集成管理系统（IPMS）和物业管理系统。

该系统的总体设计原则为：采用先进、可靠、适用的技术；结合先进性与经济性；充分利用网络技术，各系统既独立又互联。智能化管理系统的设计，是服务于体现"科技奥运"的需要，服务于公园整体"亮点"建设的需要，服务于公园管理的需要。该系统的设计和建设对国内公园智能化管理系统建设具有示范意义。

防火分区图

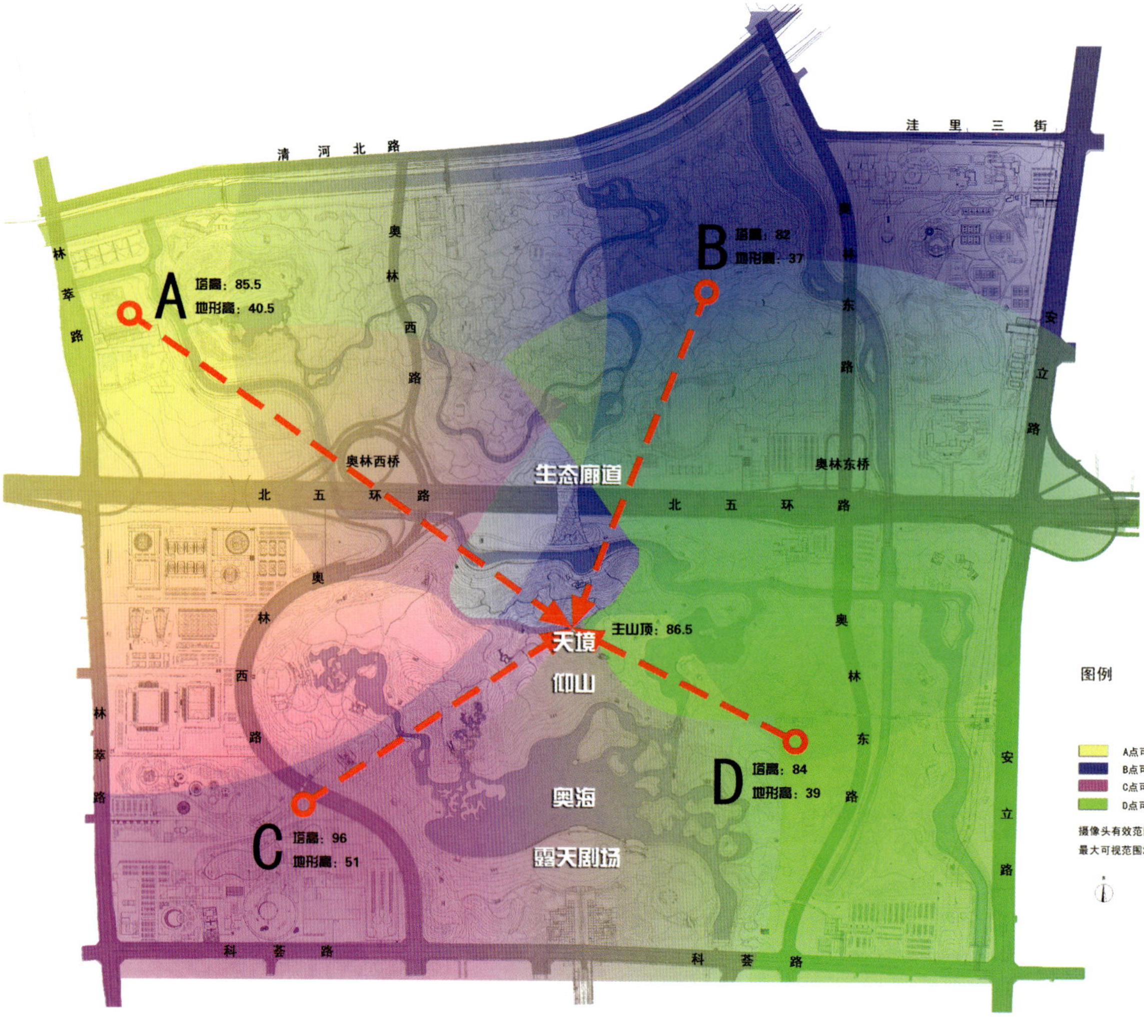

	1	
2	3	4

1 观测塔视线分析
2 紧急呼救和报警装置
3 消防栓
4 监测摄像头

后 记

2007年3月，奥林匹克森林公园项目荣获第五届意大利托萨罗伦佐国际风景园林奖（Torsanlorenzuo International Prize）城市绿色空间类奖项的一等奖。该奖是由国际建筑师协会(UIA)、国际风景园林师联合会(IFLA)认可的国际风景园林奖，这是我国作品第一次获此殊荣。

2007年12月，奥林匹克森林公园规划设计荣获北京第十三届优秀工程设计评选一等奖。

2008年，奥林匹克森林公园项目再次荣获国际风景园林师联合会亚太地区风景园林规划类的总统奖（一等奖）。国际风景园林师联合会认为北京奥林匹克森林公园是21世纪世界显著成就之一，是在大都市中完全人工建造的大型城市公园，其大胆的、富有挑战性的风景园林规划设计成为耀眼的亮点。

2007年5月14日，中国风景园林学会、清华大学建筑学院和北京清华城市规划设计研究院共同主办，在北京召开了"2007中国风景园林高层论坛"。论坛的主题为"风景园林新亮点——北京奥运公园"。国际风景园林师联合会（IFLA）主席、副主席、秘书长，亚太区各成员国家和地区的代表，原建设部有关领导，国内风景园林界知名专家等40余人围绕近年中国城市园林绿化建设，特别是奥林匹克森林公园对生态理念的体现，对中国传统文化的继承进行了研讨。代表们对奥林匹克森林公园的规划设计给予了充分肯定和高度评价，并发表了北京宣言：

来自国际风景园林师联合会（IFLA）亚太区、美洲区和欧洲区的14个国家和地区的代表认可中国风景园林行业对北京奥林匹克森林公园建设所做的贡献。

占地680 hm^2的北京奥林匹克森林公园，是目前北京城内最大的公园。它的建设有利于北京的可持续性发展，是北京的一个增长性财富。作为一个巨大的"人工"绿肺，它有助于改善不利气候对北京人居环境的影响，同时，能给奥运村的运动员和当地居民提供新的、高质量的居住环境，从而实现很好的经济效益。将来，北京奥林匹克森林公园可永久性地服务于北京市民，成为日常生活的福利设施。风景园林师在该项目发展的各个方面都起到了主导性的作用。

北京奥林匹克森林公园为各年龄段的人提供了一个教育场所：在这里，人们可以认识各种植物，体会地域文化，学习雨水收集和再利用、节能环保等生态技术等。

在奥运会期间，北京奥林匹克森林公园作为奥林匹克的后花园，将为奥运提供活动的场地，如网球、射箭、曲棍球。在奥运会后，该公园每天将接待4万多游人。该公园将发展为北京城的自然的延续－回归自然的象征。

本次高层论坛建议：

1.国际奥委会认可中国风景园林学会本着可持续发展的理念，使得围绕2008年奥运会的环境建设，促进了举办城市环境的改善，并就中国风景园林学会的积极参与和所作的贡献给予赞扬。

2.鼓励和促使国际社会进一步了解中国风景园林界在围绕奥运会而进行的环境建设中所发挥的作用。

3.在中国风景园林学会和中国风景园林界获得的经验基础上，IFLA将为今后重大国际体育赛事制定政策，使其成为可持续的遗产。

4.本次高层论坛的成果和对奥林匹克森林公园实地参观所获得的知识将被提交给国际奥委会和参与伦敦奥林匹克项目的风景园林师。

奥林匹克森林公园规划设计项目的设计团队及专家团队名单

项目负责人：胡　洁

主设计师：胡　洁　吴宜夏　吕璐珊

主要设计人员：

张　艳　刘　辉　李　薇　刘海伦　孙宵茗　赵春秋　李加忠　尤　斌　邹梦宬

郭　峥　李春娇　张传奇　陈　霞　冯　霄　朱育帆　姚玉君　张　洁　高政敏

Andreas Luka　Angela Silbermann　Verena Fischbach　David Pasgrimaud

顾问团队：

美国Sasaki设计事务所

孟兆桢 陈吉宁 尹　稚 梁　伟 袁　昕 Laurie Olin

专家团队：

檀　馨　端木歧　栗德祥　安友丰　殷双喜　苏云龙　秦佑国　董　丽　倪学明

李湛东　赵福生　张　帆　张晓林　张正旺　曹宗豪　钱德琳

Ron Henderson　Betsy Damon

合作单位

北京创新景观园林设计有限责任公司

北京中国风景园林规划设计研究中心

北京市园林古建设计研究院

北京北林地景园林规划设计院有限责任公司

北京中元工程设计顾问公司

北京清城华筑建筑设计研究院有限公司（原北京司空建筑设计咨询有限公司）

城市建设研究院

北京市水利规划设计研究院

北京市首都规划设计工程咨询开发公司

北京城建设计研究总院有限责任公司

北京中京惠建筑设计有限责任公司

北京清华城市规划设计研究院环境与市政研究所

北京清华城市规划设计研究院城市光环境研究所

北京清华城市规划设计研究院交通规划研究所

北京清华城市规划设计研究院声环境设计研究所

北京清华城市规划设计研究院公共安全研究所

曾经参与奥林匹克森林公园规划设计的专家

孙筱祥 刘秀晨 张树林 刘长乐 朱 虹 苏雪痕 史震宇 田 园 张新宇 汪原平 于正伦 丁伟杰 段海康 孙 伟 张 烈 马振兴 孙树义 李如喜 肖永明 胡洪营 林波荣 何伟嘉 王小立 徐云生 段进宇 佟庆远 詹庆旋 荣浩磊 顾林生 石慧斌 朱显泽 颜峻 Margot Cantwell Antje Stokman

曾经参与奥林匹克森林公园规划设计的设计人员

王伟华 毛 媛 秦思源 孙 雷 张 淳 赵 庆 汪炳蕙 孙亚军 申 欢 陆文静 席劲瑛 陈世朋 孙与峰 陈志杰 董大陆 陈 军 定世攀 刘早胜 罗 杰 王 宽 赵冬泉 刘晓华 李王锋 刘 佳 金迪锋 程燕立 毛向阳 赵焕庆 白庆中 许卫国 王晓阳 韩 毅 陈琳琳 崔亚楠 潘芙蓉 陆 晗 梁斯佳 李春娇 张 蕾 张 堃 邢丽娟 李靖源 吴 红 朱 慧 衣立佳 赵婷婷 苏兴兰 张星淼 赵百平 周旭灿 曹炳轩 陈 立 安画宇 齐 羚 刘 彦 吴 文 张敏肖 潘克宁 幺小葳 王国亮 高 晖 潘 峥 魏 炜 王 川 李林武 李东峰 陈 波 朱佳佳 黄 印 余 果 李 红 张秀珍 李晓明 马 俊 范 超 刘毅娟 顾晓丹 章 彦 吴 晶 鲍晚楠 刘 青 谢明洋 张晓燕 哈 奇 金成勋 陈瑾羲

Szabo Shira Shadmy Michael Ben Zion Jason Anderson Christina Marie Mandy Schonemann Johannes Jorg Benjamin Christina Katja Krug Nathaniel Adam proctor Randall Santos Urgen Ulrich Tran Kinh Monh Peter Cusake Arno Yurk Colin Franclin Bob Chipman Olivier Strebelle

图书在版编目(CIP)数据

五环绿苑——奥林匹克公园/北京清华城市规划设计研究院本卷主编.—北京：中国建筑工业出版社，2009
(2008北京奥运建筑丛书)
ISBN 978-7-112-09878-1

Ⅰ.五… Ⅱ.北… Ⅲ.夏季奥运会-体育建筑-简介-北京市 Ⅳ.TU245.4

中国版本图书馆CIP数据核字（2008）第206542号

责任编辑：杜 洁
整体设计：冯彝诤
责任校对：梁珊珊 陈晶晶

2008北京奥运建筑丛书
五环绿苑——奥林匹克公园
总 主 编 中 国 建 筑 学 会
中国建筑工业出版社
本卷主编 北京清华城市规划设计研究院
*
中国建筑工业出版社出版、发行(北京西郊百万庄)
各地新华书店、建筑书店经销
北京锐扬图书工作室制版
恒美印务（广州）有限公司印刷
*
开本：965×1270毫米 1/16 印张：13½ 字数：540千字
2009年5月第一版 2009年5月第一次印刷
定价：118.00元
ISBN 978-7-112-09878-1
(16582)